민계홍 교수에게 배우고 싶은
쉽고 맛있는

이탈리아 요리

ITALIAN CUISINE

민계홍 저

(주)백산출판사

Preface

　본서는 필자가 오랫동안 특급호텔 셰프로 근무하면서 익혔던 지식과 기술을 정리한 것으로 이탈리아 요리를 배우려는 학생들이나 호텔 및 이탈리아 레스토랑 조리사, 일반인 등 모든 분에게 필자의 노하우를 전달하여 조금이나마 도움을 드릴 수 있지 않을까 하는 생각에서 집필했다.

　따라서 본서는 각 지역의 대표적인 이탈리아 요리! 꼭 알아야 될 이탈리아 요리! 누구나 배우고 싶은 맛있는 이탈리아 요리가 되도록 이해하기 쉽게 접근하여 집필하려 노력하였다.

　이 책을 쓰게 된 계기는 2010년 1년 동안 호주 퀸즐랜드 브리즈번에 있는 퀸즐랜드 대학교(The University of Queensland) 관광학과(School of Tourism)의 초청으로 그곳에서 학술 연구할 수 있는 시간을 갖게 되었기 때문이다. 1년이 길다면 길고 짧다면 짧은 시간이라고 할 수 있겠지만 실무현장에 있을 때 모아두었던 레시피 등을 시간나는 대로 틈틈이 정리하여 본 교재를 집필하였다.

　의욕을 가지고 열심히 노력하여 책을 내지만 막상 책이 나오면 설렘과 더불어 부끄러움 그리고 아쉬움이 많이 남았으며, 정말 부족한 자신을 돌이켜볼 수 있는 기회가 되었다.

그동안 독자 여러분이 아낌없는 사랑과 조언을 해주신 덕분에 초판, 개정판을 보완하여 "민계홍 교수에게 배우고 싶은 쉽고 맛있는 이탈리아 요리"로 거듭나게 되었다.

이 책은 크게 이탈리아 요리의 개요, 주방 조리기구, 식재료, 허브와 향신료, 전채요리, 샐러드, 수프, 피자, 파스타, 육류 요리, 생선요리, 디저트 순으로 내용을 구성하였다.

독자 여러분이 이 책을 통하여 이탈리아 요리의 맛과 멋을 느낄 수 있기 바라며, 지속적으로 질 높은 책이 되도록 노력할 것이다. 마지막으로 이 책이 나오기까지 많은 도움을 주신 백산출판사 관계자분들께 글로나마 진심으로 감사를 드리고 싶다.

2020년 1월

전주대학교 천잠산 아래에서

민계홍 씀

Contents

1

이탈리아 요리의 개요

제1장

이탈리아 요리의 개요

1. 이탈리아 요리의 개요

일반적으로 음식을 서양식과 동양식으로 구분하듯이 서양요리는 아시아 여러 나라의 요리를 제외한 미국, 캐나다, 프랑스, 이탈리아, 영국, 스위스, 스페인, 독일 등 미국과 유럽에서 발달한 서구 여러 나라의 음식을 총칭한다.

이러한 서양요리는 크게 미국, 캐나다를 중심으로 한 아메리칸 요리(American Food)와 유럽을 중심으로 한 프랑스 요리(French Food), 이탈리아 요리(Italian Food)로 나눌 수 있다.

이탈리아 요리는 불포화지방인 올리브 오일을 사용하므로 현대인의 건강에 좋을 뿐만 아니라, 토마토와 해산물 등을 많이 사용하기 때문에 선호도가 높은 음식으로 각광받고 있다.

이탈리아를 대표할 수 있는 음식은 파스타와 피자라고 해도 과언이 아닐 정도로 파스타와 피자는 이탈리아의 대중적인 요리라고 할 수 있다. 파스타와 피자는 채소,

육류, 생선 등 모든 음식과 조화를 이루기 때문에 이탈리아 사람들이 자부심을 갖는 요리라고 할 수 있다. 더불어 육류와 생선, 각종 채소 등 식재료가 풍부하고, 이탈리아에서 생산되는 치즈는 세계적으로 유명하여 그 명성은 미식가와 도락가들에게 널리 알려져 있다.

이탈리아 요리는 공업이 발달한 밀라노(Milano)를 중심으로 한 북부요리와 해산물이 풍부한 남부요리로 나눌 수 있다. 이탈리아는 길쭉한 장화 모양의 국토로 되어 있는데, 우리나라처럼 반도이며 삼면이 바다로 되어 있다. 이런 점에서 이탈리아 요리는 지형적인 환경으로 인한 식재료, 조리법 등 우리나라의 전통음식과 매우 유사한 점이 많다.

북부지방은 지형적으로 산이 많아 대부분 목축지로 이용되어 축육을 하고 있으며, 농지에는 쌀, 밀, 옥수수 등의 곡물이 주로 생산된다. 북부지방의 대표적인 요리로는 옥수수를 이용한 폴렌타(Polenta), 쌀을 이용한 리소토(Risotto) 등이 유명하다. 북부요리는 식재료가 풍부하여 특히 아드리아해에서 잡히는 게, 정어리, 뱀장어, 알프스에서 흘러나오는 맑은 물에서 잡히는 송어 등을 이용한 생선요리가 있고, 육류 요리로는 밀라노풍의 뼈가 붙은 송아지 정강이를 토마토 소스와 백포도주로 조리한 오소부코(Osso Buco), 밀라노식 쇠고기 커틀릿(Manzo alla Milanese), 사프란 리소토(Saffron Risotto) 요리가 유명하다.

남부지방은 캄파니아(Campania)에서 시칠리아(Sicilia), 사르데냐(Sardegna)에 이르는 지역을 말하는데, 그 중심지는 역시 나폴리(Napoli)이다. 나폴리 하면 피자(Pizza)가 유명하고 시실리아 등 남부지방은 파스타(Pasta) 요리가 유명하다. 남부지방에서 생산되는 경질의 밀은 질 좋은 파스타의 주재료가 되는데, 이처럼 파스타 요리가 발달한 이유는 사람들의 생활이 빈곤했기 때문이라 한다. 이처럼 이탈리아 요리는 기후와 풍토, 지리적 조건 등에 의해 지방마다 독특한 요리가 만들어졌으며, 로마, 아라비아, 노르만인 등의 지배를 받아 이 민족의 영향도 많이 받았다.

이탈리아 요리 전체를 알기 위해서는 각 지방의 특징적인 요리를 필수적으로 파악해야 하는데, 왜냐하면 각 지역은 역사적, 지리적 차이에 따라 그 나름대로 독특한 각각의 요리를 갖고 있기 때문이다.

예를 들면 북부지방의 파스타는 일반적으로 변형하지 않고, 신선한 달걀과 밀을 이용하여 평평한 형태로 만들어졌으며, 요리에 사용되는 기름도 주로 버터(Butter)이다. 반면 남부지방은 비교적 많은 향신료를 사용하며, 요리에 사용되는 기름은 주로 올리브 오일(Olive Oil)이다.

2. 이탈리아 요리의 지역별 특성

1) 피에몬테(Piemonte)

이탈리아 북서쪽에 위치한 피에몬테 지역은 지형적으로 알프스산맥과 접하는 프랑스 국경의 산간지방으로 주도는 토리노(Torino)이다. 버터와 치즈, 우유, 옥수수, 쌀을 많이 생산하는데, 지방이 많은 폰티나 치즈(Fontina Cheese), 9~10월 사이에 수확한 옥수수로 만든 폴렌타(Polenta), 쌀로 만든 리소토(Risotto), 우유와 달걀 노른자를 혼합하여 만들어 걸쭉한 폴렌타와 얇게 썬 송로버섯으로 장식한 폰두타(Fonduta alla Piemontese), 다진 쇠고기 안심에 올리브 오일과 다진 마늘을 넣어 무친 후 레몬즙을 곁들인 육회 샐러드(Insalata di Carne Cruda), 참치소스의 송아지 요리인 비텔로 톤나토(Vitello Tonnato)요리가 유명하다.

논에서 키운 식용개구리를 리소토에 많이 사용하며, 모든 요리에는 그리시니(Grissini)라는 바삭바삭한 긴 막대기 모양의 빵이 곁들여지는데 이 빵은 세계적으로 알려져 있다. 후식으로는 호두아이스크림인 몬테 비앙코(Monte Bianco), 구운 생크림 과자(Panna Cotta), 식후주인 브랜디 종류의 그라파(Grappa)가 유명하다.

피에몬테에서 가장 잘 알려진 포도주도 달콤하고 기분을 즐겁게 만드는 아스티 스푸만테(Asti Spumante)라 불리는 발포성 백포도주와 이미 우수한 포도주 전문가들에 의해 높은 가치를 인정받는 적포도주들이 있다. 대표적인 와인으로는 바르바레스코(Barbaresco), 바롤로(Barolo), 가비(Gavi) 와인 등이 있다.

2) 리구리아(Liguria)

이탈리아 서북부에 위치한 리구리아 지방은 제노바(Genova)가 주도이며, 아메리카 대륙을 발견한 콜럼버스(Columbus)의 출생지이기도 하다. 해안가로 날카롭게 치닫는 산맥의 웅장함이 돋보이는 지중해 연안의 작은 해안도시로서 주요 항구도시 중 하나이다.

따뜻한 기후에 올리브유 최대 산지인 이 지방에서는 쌀과 버터를 적게 사용하는 대신 해산물을 이용한 요리가 많으며, 제노바(Genova) 항구를 중심으로 전통적인 해산물 요리인 부야베스(Bouillabaisse)식 생선수프, 오븐에 월계수 잎과 올리브 오일, 감자를 넣고 구운 리구리아식 생선요리가 유명하다. 가장 많이 사용하는 향신료는 바질, 육두구이며, 파스타를 반죽할 때 올리브 오일과 바질, 육두구, 마늘 등을 넣는다. 또한 빵은 올리브 오일과 양파, 버터를 넣어 만들며, 제노바 지방에서 유명한 바질(Basil)이라는 향신료로 전통적인 제노베제(Genovese)식 페스토(Pesto) 소스를 만들어 여러 종류의 파스타, 라비올리, 뇨키요리에 이용한다.

3) 롬바르디아(Lombardia)

이탈리아 최북단 북쪽 국경 중심부에 있으며, 주도는 산업과 상업의 중심지인 밀라노(Milano)이다. 특히, 테크놀로지에서 패션에 이르기까지, 광고에서 디자인, 생활방식에 이르기까지 모든 현대적이고 진보적인 것들의 고향이라 할 수 있다.

이 지방 전통요리의 주재료는 소고기, 쌀, 치즈, 버터, 생크림, 돼지고기, 칠면조, 가금류, 우유 등으로 향신료의 일종인 사프란(Saffron)을 착색하여 미묘한 향을 내는 밀라노식 쌀요리인 사프란 리소토, 송아지 정강이살 부분을 토마토 소스에 넣어 끓인 오소부코(Osso Buco), 시금치 파이(Timballo di Spinaci), 뜨거운 자발리오네(Zabaglione), 밀라노식 송아지 요리라 불리는 송아지고기 커틀릿(Costoletta alla Milanese)으로 송아지고기의 등심을 썰어 빵가루를 입혀서 버터로 팬에 굽는다. 또한 고르곤졸라 치즈(Gorgonzola Cheese)와 리코타 치즈(Ricotta Cheese)가 유명하다.

이탈리아에서 네 번째로 큰 포도주 산지이며, 지금은 비록 포도주 산업이 사양길이긴 하지만 아직도 주목할 만한 좋은 포도주를 많이 생산하고 있으며 다행히도 이웃 유럽 국가들의 이곳 포도주 소비도 증가하고 있다.

4) 트렌티노 알토 아디제(Trentino-Alto Adige)

이탈리아 북동부 지역의 가장 윗부분에 위치한 트렌티노와 알토 아디제는 이탈리아어를 사용하는 트렌티노 사람과 독일어를 하는 아디제 사람은 서로 다른 음식문화를 가지고 있다. 트렌티노의 음식은 독일식 요리법이 강하게 흡수된 것이 특징이다. 그래서 전통요리는 양배추, 돼지고기 소금절임, 굴라시, 훈제고기에 발다디제(Valdadige) 지역에서 만든 맥주와 포도주를 주로 즐긴다. 또한, 야생동물을 훈제하여 포도주와 즐기는 것도 특이하며, 보리빵과 감자를 즐겨 많이 먹으며, 후식으로는 패스트리 과자 종류인 스트루델(Strudel)이 있다.

전체 면적의 불과 15%만이 포도재배를 할 수 있기 때문에 포도주의 질에 비중을 두어 생산에 임하는 지역이다.

5) 프리울리-베네치아 줄리아(Friuli-Venezia Giulia)

오스트리아, 슬로베니아와 국경을 접한 이탈리아 북동쪽 제일 끝에 위치한 작은 지역으로 이탈리아 지역 중 가장 적은 인구가 살고 있는데, 깨끗하고 좋은 초원의 자연 동산이다. 그들이 즐겨 만들어 먹는 토마토와 폴렌타를 곁들인 돼지고기 스튜요리, 사과파이, 호두파이, 프리울리산 유명 햄의 일종인 산 다니엘레(San Daniele)를 넣은 리소토(Risotto al San Daniele), 비엔나 소시지 등 유명한 음식이 많다.

6) 베네토(Veneto)

알프스산맥에서 아드리아海(해)까지 뻗어 있는 지역으로 주도는 베니스(Venice)이다. 베니스는 설탕을 최초로 유럽에 전파한 곳이라 한다. 베네토 지방은 주로 쌀과 콩을 이용한 요리가 많다. 이 지방은 쌀을 이용한 수프가 다양하며, 파스타는 별로 즐기지 않으며, 대신에 폴렌타를 먹는다.

쇠고기 카르파치오(Carpaccio), 마늘과 토마토로 만든 왕새우 요리, 베니스식 면과 콩 요리, 송아지 간 요리, 작은 먹물 오징어 요리가 유명하다.

베네토(Veneto)의 동쪽에 있는 프리울리-베네치아(Friuli-Venezia)와 서쪽의 트렌티노(Trentino)는 이탈리아의 주요한 와인 생산지이며 이곳의 와인은 제품화된 이탈리아 수출품 중 비중이 크고 유명한 상품으로 널리 알려져 있다.

7) 에밀리아 로마냐(Emilia Romagna)

에밀리아 로마냐 지방은 북쪽 에밀리아(Emilia)와 남쪽 로마냐(Romagna)의 두 지역으로 구분되는 이탈리아에서 가장 국토가 넓은 지역이다. 수도는 볼로냐(Bologna)이며 파스타의 본고장이다. 이곳에서 생산되는 모르타델라(Mortadella)라는 소시지는 이탈리아에서 가장 품질 좋은 것으로 인정받는다.

티라미수, 파스타는 탈리아텔레(Tagliatelle)와 볼로냐 소스에 라자냐(Lasagne)가 아주 유명하다. 이곳 파르마 지방에서 만들어지는 파르메산 치즈(Parmesan Cheese)와 파르마 햄인 프로슈토(Prosciutto)가 세계적으로 유명하다.

에밀리아 로마냐의 와인은 대부분 구릉지역에서 생산된다. 그러나 그중 평지에서 생산되는 몇몇 Wine은 전통적으로 약간의 발포성을 띤 감미가 있는 것들도 있다. 이 모든 지역의 Wine은 즐겁고 쉽게 마실 수 있으며 이 지방 고유의 음식과 같이 기름기가 많은 음식과 이상적으로 조화를 이룬다.

8) 토스카나(Toscana)

이탈리아 중심부에 위치한 토스카나 지역은 유럽 사람들에게는 아주 신비롭고 즐거운 장소로 오랫동안 각광받아 왔는데, 이 지역의 진정한 매력은 사람들의 마음을 잡아당기는 눈으로는 볼 수 없는 심미적 아름다움이다. 수도는 피렌체(Firenze)이다. 토스카나 사람들은 콩을 많이 먹어서 만자파졸리(Mangiafagioli) 뜻인 '콩을 먹는 사람들'이라 부른다. 강낭콩 수프, 흰 강낭콩 스튜, 콩을 넣은 리소토와 파스타 등 모든 요리에 콩을 넣어서 먹으며 콩과 참치는 이 지방 사람들이 즐겨 먹는 전채요리의 재료로 널리 사용된다. 피렌체식 미네스트로네 수프, 시금치를 넣은 뇨키, 파스타, 리소토, 쇠고기 등심요리, 햄과 멜론을 즐겨 먹으며 키안티 클라시코 포도주는 제일의 맛을 자랑한다.

세계 모든 나라에는 투스카니의 D.O.C 포도주와 상당한 수의 D.O.C 포도주가 포도주 리스트에 포함되어 있으며, 이 모든 포도주는 한 번쯤 마셔볼 만한 가치가 있다.

9) 움브리아(Umbria)

움브리아는 산악지역으로 이탈리아에서 가장 규모가 큰 육류 생산지이며, 특히 이 지역의 돼지고기는 질이 우수해서, 다량의 고기는 저장되었다가 여러 가지 양념을 넣어 소시지(Sausage)를 만든다. 또한 상품가치가 높고 질이 우수한 트러플(송로버섯)을 재배하여 수출도 한다. 송로버섯을 얇게 썰어 파스타 요리에 넣어 즐겨 먹는다. 또한 카나페, 탈리올리니, 닭요리가 있다.

전통적으로 이곳에서는 가장 유명한 오르비에토 포도주를 포함해 백포도주의 산지로 명성을 떨쳐왔지만 지난 30년간 이곳 움브리아는 포도주 산업의 새로운 전기를 마련했으며, 현재는 훌륭한 적포도주도 다시 생산되고 있다. 전체 D.O.C 포도주 생산량의 80%가 백포도주이며, D.O.C.G 포도주는 모두 적포도주이다.

10) 마르케(Marche)

이탈리아는 뛰어난 예술과 문화재를 세계적으로 많이 보유한 나라이다.

마르케 지방은 수산업과 농업이 주를 이루는데, 아드리아해의 해산물과 산에서 나는 산나물을 요리에 많이 이용한다. 특히 아드리아해에서 그날 잡은 해산물에 따라 가지 각색의 재료를 혼합하여 고유한 생선수프를 만드는 기술을 갖고 있다. 생선살을 넣은 라비올리(Ravioli al Filetti di Pesce), 오징어찜(Calamari Farcity) 등의 요리가 유명하다.

11) 라치오(Lazio)

라치오 지방은 주도 로마가 위치한 이탈리아의 중심도시이다. 라치오의 전통요리는 천년의 전통을 자랑하며 그들의 좋은 성격과 노력으로 전통적인 문화 속에서 요리를 개발하고 발전시켜 왔다. 북쪽 지방 특유의 Pasta요리인 카넬로니(Cannelloni)에 여러 가지 내용물을 채워서 먹기도 한다.

"입안으로 뛰어든다"라는 뜻을 지닌 요리로 송아지 안심에 세이지(Sage) 잎을 얹고 얇게 썬 프로슈토(Prosciutto)햄을 덮어 팬에 구운 살팀보카(Saltimbocca)가 아주 유명하다. 구운 빵을 이용한 오픈 샌드위치 브루스케타(Bruschetta), 어린 동물을 쇠꼬챙이에 끼워 향신료를 첨가한 뒤 오븐에 넣어 로스트한 요리, 암소 꼬리요리 등의 요리가 있다.

12) 아브루초, 몰리세(Abruzzo, Molise)

아브루초는 험한 산중에 있는 지역이지만 해안을 끼고 있기 때문에 육류, 해산물 요리가 있으며, 주도는 라퀼리아(L'Aquila)이다. 라퀼리아는 아드리아해에서 그랑 사쏘 디 이탈리아의 산자락까지 40마일에 걸쳐 있다. 아펜니노산맥의 가장 고도가 높은 단층 중 하나인 이곳의 완만한 경사면은 포도재배에 완벽한 조건을 갖추고 있다. 그래서 이곳 아브루초의 평균 수확량은 이탈리아 전체에서 가장 많다.

이 지역에서 원산지를 엄격히 통제하는 포도주는 'Particular Reputation and Worth'(특별히 명성과 가치가 있는 포도주)라는 등급으로 포도주를 분류하는 D.O.C 포도주가 생산되는데 하나는 이 지방 고유의 몬테풀치아노 포도로 만든 적포도주이고 또 하나는 토스카나 원산의 다수확 품종인 트레비아노로 만든 백포도주이다. 그리고 훌륭한 일부 포도주 생산자들은 진정한 아브루초 특산품종을 사용해 좋은 결과를 얻고 있다.

아브루초와 몰리세의 파스타는 가느다란 줄과 같이 반죽을 만들어 밀고 줄을 뽑아내어 튼튼한 묶음의 마카로니를 만들어낸다. 로즈메리를 넣은 아구요리, 토끼고기조림 등의 요리가 있다. 몰리세는 농업과 관광업에 많이 의존하고 있으며, 주도는 캄포바소(Campobasso)이다.

13) 캄파니아(Campania)

오늘날 베수비오 화산을 얘기하지 않더라도 로마 유적과 그리스의 사원들이 산재해 있고 풍광이 수려한 만과 섬들이 있다. 캄파니아의 주도인 나폴리(Napoli)는 이 지역의 북쪽에 위치한 세계적인 항구도시이며, 외국에까지 수출되는 피자가 유명하다. 또한 해물요리가 다양하고 조개로 만든 봉골레 파스타와 스파게티 소스가 일품이다.

모차렐라 치즈(Mozzarella Cheese)도 유명하다. 남부지역은 지리적 여건으로 가뭄이 심하고 토박한 땅에 햇빛이 매우 강하여 음식 또한 매운 것이 많다. 따라서 산간지방이나 내륙지역에는 파스타 요리가 주종을 이루지만 해안에 인접한 지역에서는 해산물을 이용한 생선수프와 생선요리가 많다.

인구가 밀집한 이 아름다운 곳은 포도주 생산을 경시해 온 수십 년간의 시간을 지나 이제 서서히 포도주 산업이 회복되고 있다. 다시 말해 다른 유럽에서도 캄파니아의 좋은 포도주를 볼 수 있게 되었다는 것이다.

14) 풀리아(Puglia)

장화모양의 이탈리아 반도 뒤꿈치의 굽에 해당하는 즉 이탈리아 남동부에 위치한 풀리아는 토마토 소스의 바닷가재 라비올리, 피망과 시금치를 곁들인 도미구이 등의 요리가 유명하다. 시칠리아의 뒤를 이어 두 번째로 가장 많은 양의 포도주를 생산하는 지역이며, 양만으로 보면 독일 전체의 생산량보다 오히려 많다.

15) 칼라브리아(Calabria)

이탈리아 반도 남서부의 최남단에 있는 칼라브리아는 장화에 비유되는 앞굽에 해당하는 반도에 있다. 이 지역은 따뜻한 티라니아와 이오니아해와 맞닿은 따뜻한 해안지역으로 쌀쌀한 기후와 숲이 울창한 단층지대로 이루어져 있다.

백포도주와 식초, 올리브 오일에 절인 가지요리, 양파와 햄, 토마토 소스를 넣은 매콤한 맛의 칼라브리아식 파스타, 삶은 황새치요리, 설탕에 절인 오렌지 껍질요리가 유명하다.

테이블 와인(Vini da Tavola)등급의 포도주 대부분이 수려한 산세가 보존된 이 지역과 아름다운 해안지역에서 90% 이상 적포도주를 생산하고 있다.

16) 시칠리아(Sicilia)

지중해의 섬 중 면적이 가장 넓은 시칠리아 지방은 이탈리아의 어느 지역보다도 많은 수의 포도밭을 자랑하여 포도주 생산 중심지로 포도주, 생선요리, 노르마식 파스타(Pasta alla Norma), 시칠리아식 고기말이(Involtini alla Siciliana), 토마토 소스를 곁들인 가지튀김(Caponata), 시칠리아식 스펀지 케이크(Cassa alla Siciliana)가 유명하다. 특히, 정어리 파스타는 세계적인 맛을 내기도 하며, 멧돼지, 젖먹이 돼지, 염소 등을 통째로 쇠꼬챙이에 끼워 바비큐(Barbecue)하여 즐겨 먹는다. 시칠리아의 트라파니한 지방에서 생산하는 포도주는 헝가리나 오스트레일리아, 칠레보다도 생산량이 더 많다. 자연히 시칠리아는 이탈리아에서 열 손가락 안에 드는 산지로 꼽히고 있으며 10개의 D.O.C 산지가 있으며, 시칠리아 하면 떠올릴 수 있는 것이 마르살라 포도주이다.

17) 사르데냐(Sardegna)

800마일이 넘는 긴 해안선을 가진 사르데냐는 이탈리아 대륙으로부터 동떨어진 섬으로 해물요리가 유명하다. 바다의 여왕이라는 대하(Aragosta)는 샐러드나 그릴로 요리해서 먹으며, 최고의 진미는 보타르가인데 얇게 썰어 전채로 하거나 샐러드나 파스타로 요리하면 그 맛이 뛰어나다.

또한 지형적으로 양과 염소를 많이 기르는데, 이 지역에는 전원적인 목양지가 많아서 그로 인한 포도주의 특이성에 그리 놀랄 필요가 없다. 육지와 떨어져 있기에 생기는 많은 포도주의 다양성을 이곳에서 발견할 수 있다.

3. 메뉴의 구성

① 안티파스토(Antipasto) : 애피타이저, 전채요리를 말한다.

② 프리모(Primo) : 첫 번째 요리이다. 전채요리 다음에 먹는 요리로 수프와 밀가루를 이용한 요리를 주로 먹는다. 예를 들어 수프나 스파게티, 리소토를 먹는다.

③ 세콘도(Secondo) : 주요리 또는 두 번째 요리이다. 생선이나 고기(송아지), 양고기, 가금류 등을 두 번째 요리로 선택하고 채소요리가 곁들여진다.

④ 콘토르노(Contorno) : 주요리 다음에 제공되는 샐러드나 채소요리를 말한다.

⑤ 포르마지오(Formaggio) : 여러 가지 치즈를 다양하게 먹는 이탈리아인들은 기호나 취향에 맞게 치즈를 즐긴다.

⑥ 돌체(Dolce) : 디저트(Dessert)를 말한다. 아이스크림이나 과일 등 다양한 종류가 있는데, 가장 유명한 디저트는 '티라미수'로 알려져 있으며 현지에도 티라미수가 가장 많다. 귀족적인 사람들은 주로 아이스크림(젤라또) 위에 생과일을 얹어 먹기도 한다.

⑦ 에스프레소(Espresso) : 커피. 이탈리아인들은 커피도 독하게 먹는 편이다. 아주 강한 향과 맛을 즐기는 커피가 바로 에스프레소(Espresso)이다.

[이탈리아 지도]

2

주방 조리기구

제2장

주방 조리기구

1. 칼의 종류 및 용도

- Carving Knife : 샐러드, 과일을 썰거나 로스트 비프(Roast Beef)나 생선을 얇게 슬라이스 할 때 사용한다.

- Bread Knife : 프렌치빵이나 호밀빵과 같이 표면은 단단하고 속은 부드러운 빵 종류를 썰기 위한 칼이다.

- French Knife(Chef's Knife) : 가장 보편적으로 쓰이며, 보통의 식재료를 자르고, 썰고 다지는 데 사용. 길이 10~12인치이다.

• Boning Knife : 육류나 가금류의 뼈를 발라내는 데 사용하고, 얇은 칼은 생선의 뼈를 발라내는 데 사용한다.

• Paring Knife : 'Small Knife'라고도 부르며, 짧고 작은 칼로서 채소, 과일 등을 자르거나 다듬을 때 사용한다.

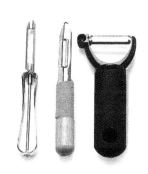

• Vegetable Peeler : 채소의 껍질을 벗길 때 사용한다.

Kitchen Knife

2. 조리기구

조리에 필요한 장비나 기구를 준비하여 정성을 다해서 맛있는 요리를 한다는 것은 조리사의 기본적인 업무 중 하나이다. 현재 조리장비나 기구는 매우 세분화되고 과학화되어 있는 반면, 가격 면에서는 경제적인 부담이 크기 때문에 장비나 기구를 구입해도 그 기능을 충분히 활용하지 못하는 경우가 많다. 따라서 용도를 정확히 인지하여 레스토랑의 규모나 지향하는 메뉴의 구성에 따라 장비나 기구를 선택하는 것이 바람직하다.

• Braising Pan

음식을 장시간 끓일 수 있는 두꺼운 철판으로 제작된 사각형의 팬을 말한다.

• Bread Slicer

빵을 얇게 써는 기계를 말한다.

- Chopper

  육류를 잘게 가는 기계를 말하는데, '민찌'
  라고도 한다.

- Convection Oven

  로스팅과 베이킹할 때 주로 사용되며, 준
  비된 음식을 다시 데우는 데도 쓰이는 가장
  보편적인 오븐이다. 뜨거운 공기가 상하 좌
  우로 공급되면서 조리가 되는 대류식 오븐
  으로 전기나 가스가 이용되며, 공기를 유동
  시켜 주는 팬이 내장된 경우도 있다.

- Grill

  하단에서 가스나 전기로 열을 공급하는 두
  꺼운 철판으로 달걀프라이, 구이, 볶음 등
  의 요리를 프라이팬 없이 철판 위에서 직접
  할 수 있다.

- Slicer Machine

  육류나 채소 등을 동일한 두께로 얇게 자를
  수 있는 기계를 말한다.

· Micro Wave Oven

초단파 또는 고주파 에너지, 즉 비이온화 에너지를 발생시켜 음식의 지방이나 수분에 닿으면 이 초단파의 전자방사를 흡수함으로써 식품이 가열된다. 식품 내부의 분자들이 회전하고 가열되어 음식은 여러 방향으로 익혀진다. 냉동식품을 단시간 내에 해동할 수 있고, 조리시간을 단축할 수 있는 장점이 있으나, 음식이 갈변(Browning)되지 않고, 튀김요리와 오래 익히는 요리는 할 수 없으며, 음식의 맛과 풍미가 떨어지는 단점이 있다.

· Mixer

다양한 종류의 밀가루 반죽, 마요네즈, 휘핑을 만들 때 사용한다.

· Packing Machine

진공 포장하는 기계를 말한다.

- Potato Peeler

  다량의 감자 껍질을 일시에 벗겨내는 기계를 말
  한다.

- Salamander

  상방 방사열을 발산하도록 설비된 열기기로, 주
  로 갈변효과를 내기 위해 이용한다.

- Service Wagon

  고객에게 제공할 술, 스테이크, 케이크 등을 직접
  싣고 다닐 수 있는 운반기를 말한다.

- Steam Table

하단에 스팀으로 가열하여 일정한 온도를 유지하도록 설비된 조리 작업대로서 조리
된 음식을 용기에 담아 끓는 물에 넣어 보온 목적으로 중탕해서 이용한다. 뱅 마리
(Bain Marie)라고도 부른다.

• Steamer

고압의 증기열로 다량의 음식물을 익힐 수 있는
증기 찜통이다.

• Vegetable Cutter

채소를 여러 가지 모양으로 자를 수 있는 기계
를 말한다.

• Warming Cabinet

음식을 따뜻하게 보관하는 온장고를 말한다.

• Waste Disposer

음식찌꺼기를 분쇄하여 하수구로 보내는 전기기계
를 말한다.

3. 소도구(Utensils)의 종류 및 용도

• Apple Corer

사과나 배의 중간부분에 있는 씨를 깔끔하게 도려내
서 뺄 때 사용하는 도구이다.

• Blender

속도 조절기능이 있으며, 내부에 날카로운 칼이 있어
식품을 섞고, 다지고, 갈고, 액체를 만들 때 사용한다.

• Grater

4면에 각기 다른 형태의 구멍이 있는 것으로 채소,
치즈, 레몬 껍질 등을 갈 때 사용한다.

• China Cap

고깔모양의 스트레이너(Strainer)로, 스톡, 수프 등의 액체를 거르는 데 사용하는 기구를 말한다.

• Colander

구멍 뚫린 볼이며, 채소, 국수 등의 물기를 빼는 데 사용한다.

• Egg Slicer

삶은 달걀을 일정한 모양과 두께로 자를 때 사용한다.

• Fine Mesh Sieve

육수나 소스를 아주 곱게 거를 때 사용한다.

• Can Opener

통조림을 따는 기구로 고정된 것과 이동 가능한 것이 있다.

• Food Processor

생선, 채소, 육류 등을 곱게 갈거나 거칠게
다지는 데 사용하는 기계를 말한다.

• Fry Pan

'Sauce Pan'에 비하여 깊이가 낮고 달걀프라
이를 하거나 스테이크를 굽는 데 이용한다.

• Funnel

깔때기를 말한다.

• Kitchen Fork

조리 시 손을 사용하지 않고 육류 덩어리나
재료를 깊게 찔러 고정할 때 또는 뜨거운 고
기를 카빙할 때 사용하는 포크이다.

· Ladle

육수나 소스, 수프 등을 떠낼 때 사용하는 국자를 말한다.

· Lemon Squeezer

레몬이나 오렌지의 즙을 짜서 주스를 내기 위한 기구를 말한다.

· Mandoline

일반적으로 감자나 당근 등을 여러 형태의 모양별로 자를 수 있고, 두께를 조절하여 일정한 간격으로 얇고 가늘게 썰 수 있도록 설계된 기구를 말한다.

· Measuring Cup

눈금으로 양을 측정할 수 있는 계량컵을 말한다.

· Long Spoon

음식을 서브할 때나 음식을 액체에서 건져내는 데 사용한다.

• Whipper

생크림, 달걀 흰자 등의 거품을 낼 때, 음식을 섞고,
저어줄 때 사용한다.

• Meat Tenderizer

육류나 가금류의 고기를 얇게 두드리거나, 쇠고
기 스테이크를 굽기 전에 쇠고기 안심의 모양을
동그랗게 잡아줄 수 있도록 두드려 사용하는 망치
형태의 기구를 말한다.

• Mixing Bowl

음식물을 혼합할 때 사용하는 스테인리스 재질의
둥근 용기를 말한다.

• Parisienne Scoop

파리지엔나이프(Parisienne Knife)라고도 하며,
당근이나 감자, 과일 등을 구슬 모양으로 둥글게
팔 때 사용한다.

• Pastry Bag

튜브 끝에 금속조각이 부착된 것으로 으깬 감자, 마요네즈, 크림 등을 여러 가지 모양으로 짜서 장식할 때 이용하는 고깔 모양의 백(Bag)이다.

• Pastry Brush

물, 기름, 버터, 달걀 등을 빵이나 음식에 바르는 데 사용하는 붓이다.

• Pastry Nozzle

패스트리 백에 휘핑크림이나 무스를 넣고 짤 때, 패스트리 백의 안쪽 끝에 넣어서 내용물의 모양을 다양하게 연출할 때 사용하는 도구를 말한다.

• Pepper Miller

통후추를 즉석에서 갈아 쓸 수 있도록 만든 후추통을 말한다.

• Potato Ricer

감자를 삶아서 곱게 으깰 때 사용한다.

• Round Cutter

원형으로 찍거나 원형 몰드 형태로 음식을 놓을 때 사용하는 도구를 말한다.

• Sauce Pan

여러 가지 형태와 크기가 있으며, 소스를 만드는 데 주로 쓴다.

• Sheet Pan

쟁반이라고 할 수 있는데, 모든 조리 시 여러 가지 용도로 사용한다.

• Sauce Boat

Sauce를 담아 제공하는 용기이다.

· Sieve

원형 모양의 고운체를 말하는데, 육수에서 건더기를 거르거나 채소를 삶아 건질 때 사용하는 기구이다.

· Skimmer

수프(soup)나 스톡(stock)의 거품과 찌꺼기를 건져내는 데 사용한다.

· Steel

칼날을 날카롭게 하기 위한 쇠 봉으로 숫돌로 칼을 간 후 칼날을 잡아줄 때와 칼 사용 시 순간적으로 칼날을 날카롭게 하기 위한 기구를 말한다.

· Stock Pot

Stock이나 Soup를 끓이는 데 사용하는 통으로, 스테인리스 재질이 좋다.

· Stew Pan

육류나 생선, 채소에 육수나 소스를 넣고 약한 불로 끓이는 데 사용하는 냄비를 말한다.

- Spatular

칼과 같은 예리한 날이 없는 도구로서 케이크에 아이싱을 입힐 때 사용한다. 스테인리스, PVC 재질의 2종류가 있다.

- Strainer

소스를 곱게 거르거나 채소 등의 물기를 빼주는 기구를 말한다.

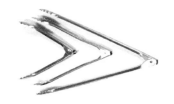

- Tongues

여러 종류의 음식 등을 집는 집게를 말한다.

- Vegetable Gang

감자나 당근 등을 면발처럼 가늘게 뽑아낼 수 있는 기구를 말한다.

Italian Cuisine

3

CHAPTER

식재료

제3장

식재료

1. 채소(Vegetables)

이탈리아 요리에는 여러 종류의 채소가 전채요리(Antipasto), 샐러드(Insalata), 수프(Zuppa), 파스타(Pasta), 피자(Pizza), 육류·가금류·생선류의 주요리(Secondo) 등에 많이 사용되고 있다. 일반적으로 채소는 이용하는 부위에 따라 채소의 잎을 주로 먹는 엽채류, 줄기를 먹는 경채류, 식물의 뿌리부분을 먹는 근채류, 과일이지만 실제로는 채소로 구분되는 과채류, 씨부분을 주로 먹는 종실류, 채소의 꽃부분을 먹는 화채류, 새싹이나 순을 먹는 새순류 등으로 분류한다.

채소는 이탈리아 메뉴 전체에 사용되는데, 최근에는 친환경·저농약·무농약·유기농으로 재배된 채소를 사용하는 이탈리아 레스토랑이 증가하는 추세이다.

1) 엽채류

각종 상추인 양상추와 양배추, 라디치오, 시금치, 롤라로사, 로메인 레티스, 그린 비타민, 콘 샐러드, 청경채, 오크리프, 안젤리카, 미즈나, 드래곤 텅, 그린 치커리, 겨자잎, 케일, 콜라드, 뉴 그린, 단델리온, 적근대, 비트잎, 셀러리 줄기, 물냉이 등 식물의 잎을 식용하는 채소로 수분함량이 많고 비타민, 무기질의 중요한 공급원이다. 샐러드에 있어 가장 기본이 되는 채소류가 바로 엽채류이다.

(1) 양상추(Head Lettuce ; Lattuga)

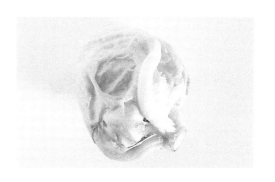

통상추라고도 하는데, 유럽 남부와 서아시아가 원산지이며, 유럽과 미국에서 오래전부터 샐러드용으로 재배하였다. 우리나라에서는 해방 이후 미군들이 들어온 후에 군납용으로 재배하면서 널리 퍼졌다. 높이는 30~100cm이고, 줄기는 아주 짧으며, 잎은 뿌리에 가깝게 붙는다. 줄기에 달린 잎은 잎자루와 잎이 매우 짧게 붙고 줄기 위로 올라갈수록 작아지며 흰색의 가루가 많이 붙는다. 샐러드용으로 가장 많이 이용되는데, 수분이 전체의 94~95%를 차지하고 그 밖에 탄수화물·조섬유·비타민 C 등이 들어 있다. 양상추의 쓴맛은 락투세린(Lactucerin)과 락투신(Lactucin)이라는 알칼로이드 때문인데, 이것은 최면·진통 효과가 있어 양상추를 많이 먹으면 졸음이 온다.

(2) 빨간 양배추(Red Cabbage ; Cavolo Rosso)

붉은색을 띤다 하여 붉은꽃양배추 또는 빨간 양배추, 적양배추라고도 부른다. 적채에서 나오는 붉은 색소는 천연색소이므로 안심하고 먹어도 된다. 우리나라에서는

1980년대 초까지만 해도 서울과 부산 근교에서만 재배하였으나, 최근에는 고랭지와 제주도 등 전국에서 재배되고 있다.

흰색의 보통 양배추보다 과당과 포도당, 식물성 단백질 리신, 비타민 C 등의 영양성분이 더 많이 들어 있다. 또 비타민 U가 풍부하여 위궤양에 효과가 있고, 노화 및 수은중독 방지, 간기능 회복 등에 좋은 건강채소로 꼽힌다. 빛깔이 독특하여 전채요리, 샐러드, 더운 채소 등 여러 가지 요리에 많이 사용된다.

(3) 흰 양배추(White Cabbage ; Cavolo Bianco)

엷은 초록색이 가미된 회색으로 흔히 말하는 양배추를 뜻한다. 비타민과 칼슘이 많이 들어 있는데, 초록색 부분은 비타민 A, 흰색 부분에는 비타민 B와 비타민 C가 함유되어 있으며, 칼슘이 많은 알칼리성 식품으로 위를 보호하는 효과가 있다. 주로 샐러드, 수프, 더운 채소, 피클, 김치, 쌈, 국거리 등의 요리에 이용된다.

빨간 양배추(Red Cabbage ; Cavolo Rosso)와
흰 양배추(White Cabbage ; Cavolo Bianco)

(4) 라디치오(Radicchio ; Radicchio)

이탈리아가 원산지인 치커리의 일종으로 이탈리안 치커리라고도 한다. 흰색의 잎줄기에 붉은색의 잎을 가지고 있는데, 붉은색의 잎과 흰색의 잎줄기가 조화를 이루어 입맛을 돋운다. 쓴맛을 내는 인터빈성분이 있어 소화를 촉진하고

심혈관계기능을 강화시키며, 비타민 A, C, E와 미네랄이 풍부하게 들어 있다. 주로 샐러드나 장식용으로 사용되며, 이탈리아에서는 오븐에 구워먹기도 한다.

(5) 방울양배추(Brussel Sprout ; Cavoli di Brussel)

단단하게 뭉쳐 있는 잎사귀 때문에 아주 작은 양배추처럼 보인다. 예부터 벨기에에서 재배되어 온 양배추의 변종으로 브뤼셀(Brussels)이란 지명과 관련되어 생긴 이름이며, 유럽에서 많이 재배한다. 결구는 단단하고 육질이 유연하며 섬유질이 적고 감미가 있으며, 비타민 C가 많이 함유되어 풍미는 양배추와 조금 다르고 고미가 강하다. 주로 샐러드, 더운 채소 등에 이용된다.

(6) 시금치(Spinach ; Spinacio)

시금치는 일 년 내내 쉽게 구할 수 있는 채소로 비타민 A와 C, 칼슘, 철이 많이 함유되어 있어 빈혈과 동맥경화증을 예방하며 고혈압에 좋다. 또한 건강할 때 시금치를 많이 먹어야 감기에 대한 저항력을 높여주며, 보혈시키는 작용과 함께 피부의 혈맥을 통하게 하는 작용이 있다.

시금치의 제철은 겨울부터 이른 봄이며, 시금치 성분 중 비타민 C는 열에 약하기 때문에 살짝 데쳐서 나물로 무쳐 먹거나 생으로 시금치 샐러드에 이용한다.

(7) 롤라로사(Lolla Rossa ; Rolarosa)

'로사'는 장미처럼 붉다는 뜻으로 적
상추와 같이 생겼다. 일반 상추보다는
테두리가 곱슬곱슬하고, 잎의 조화가 아
름답고 식감이 부드러운 잎상추이다. 처
음에는 엷은 그린색을 띠다가 날씨가 더
워지면 끝이 붉은색으로 변하는데, 성장
속도가 매우 빠르다. 비타민 A와 C, 엽산, 철분을 많이 함유하고 있다. 특히, 항산화
케르세빈 성분을 함유하고 있어 천식과 알레르기를 예방하는 데 효과가 있다.

(8) 로메인 레티스(Romaine Lettuce ; Lattugs Romana)

로마인의 상추란 뜻으로 로마인들이
즐겨 먹던 상추라 해서 붙여진 로메인
레티스는 우리나라의 상추와 비슷한 샐
러드용 채소로 줄기가 뾰족하며 잎이 부
드럽고 납작하다. 쌉쌀한 맛과 아삭한
질감이 난다. 미네랄과 칼슘, 섬유질이
풍부해서 건강에 도움이 된다. 어린 로메인 레티스의 경우 배추 속대처럼 희고 노란
빛을 많이 띤 잎색을 띠며, 주로 시저 샐러드에 많이 사용한다.

(9) 그린 비타민(Green Vitamin)

원산지는 아시아이며, 그린 비타민이
라고 불리는 이 채소는 마치 영양소와
같은 느낌을 준다. 콘 샐러드, 맛슈, 청
경채 등과 모양이 비슷해서 처음 보는

사람들이 매우 혼동을 한다. 잎의 색이 진하며 여러 가지 요리에 많이 쓰이고 샐러드나 애피타이저 또는 장식용으로도 쓰인다. 한 포기에 5개 정도의 잎이 달려 있으나 하루 정도 지나면 잎이 노랗게 떠서 벌어진다.

(10) 콘 샐러드(Corn Salad)

원산지는 유럽과 북아프리카이며, 단맛이 나는 어린잎을 샐러드로 이용하는 채소로서 영양이 높으며 비타민 C가 풍부하다. 이 밖에 카로틴과 비타민 B_1, B_2, 칼슘, 철 등 미네랄이 함유되어 있을 뿐만 아니라 5대 영양소가 골고루 갖추어져 있다. 소화를 돕고 해독작용도 하는 약미채소이다. 채식주의의 식생활 개선에 이용하면 영양의 균형을 지킬 수 있으므로 새롭게 인식될 수 있는 채소 중 하나라고 할 수 있다.

(11) 청경채(Bok Choy)

원산지는 중국 화중 지방이며, 중국배추의 일종으로 중국 요리에 많이 쓰인다. Bok Choi라고도 하며 중국에서 가장 오래된 겨자과에 속하는 채소로, 위를 튼튼하게 하고 녹즙으로 마시면 변비와 종기에 효과가 있다. 또한 탈모증에도 뚜렷한 효험을 보여 치료제로 쓰인다. 모양이 우리나라 봄배추와 비슷하며 샐러드 재료로 많이 이용되고 중국에서는 주로 기름에 볶아 먹는다. 양식에서는 크림소스를 곁들인 청경채 요리가 유명하며 뜨거운 물에 살짝 데쳐 요리의 곁들임으로 많이 사용한다.

(12) 오크리프(Oak Leaf)

참나무잎과 비슷한 유럽 상추의 한 품종으로 모양이 특이하며 청색계와 적색계가 있다. 아삭거리며 단맛이 나고 잎줄기가 도톰해서 즙이 많다. 잎 모양이 독특해 식욕을 돋우며 샐러드, 쌈채로 이용된다. 서양에서는 고기를 먹을 때

필수적으로 애용되는 샐러드채이며 국내에서의 이용도 역시 높아지고 있다. 풍부한 비타민 C, 80% 이상의 규소가 함유되어 있다.

(13) 안젤리카(Angelica)

원산지는 유럽의 알프스 지방이다. 높이가 1~2m에 달하고, 잎은 길이가 50cm이며 셀러리와 비슷하다. 식물 전체에서 독특한 향기가 나는 성분이 있다. 뿌리는 여성들의 진정제 · 강장제로 사용하고 술의 향료로도 쓰인다. 연한

줄기와 잎자루는 잘라서 케이크를 장식하는 데 이용하는데, 일본에서는 설탕에 절인 머위의 잎자루를 대용품으로 쓴다.

(14) 미즈나(Mizuna)

잎이 많이 갈라졌으며 수분이 많다.
일본 교토에서 옛날부터 재배해 온 절임
용 채소인데, 비료 없이 물과 흙만으로
재배되기에 경수채란 이름이 붙여졌다.
아삭아삭 씹히는 맛이 좋아 쌈채로 이용
된다. 고기냄새를 없애주는 효과가 있어

오리나 굴 요리에 늘상 이용된다. 칼슘, 칼륨, 인, 나트륨의 함량이 높으며, 비타민 A
효력이 있는 카로틴, 비타민 C도 함유되어 여성의 피부미용과 다이어트에 이롭다.

(15) 드래곤 텅(Dragon Tongue)

잎의 모양과 잎면에 나타나는 잎맥의
붉은 색깔 등이 용의 혓바닥을 닮았다
해서 용설채라고도 불린다. 일반 고들빼
기 잎 주변은 결각이 심해서 생채로 먹
기에 곤란하지만 용설채는 잎이 부드러
워 맛있게 먹을 수 있다. 늦봄부터 가을

에 서리가 내릴 때까지 잎이나 어린순을 따서 생채나 나물로 이용한다. 더위로 입맛
을 잃었을 때 더욱 이용해야 할 새로운 산채류이다. 칼슘, 인, 철, 나트륨, 칼륨 등 미
네랄이 풍부하고, 베타카로틴 함량도 높다. 한방에서는 건위, 소화, 열 내림, 진정효
과를 내는 데 사용한다.

(16) 그린 치커리(Green Chicory)

샐러드에 빼놓을 수 없는 재료다. 원산지는 지중해 연안, 유럽, 북아프리카이며, 어린잎은 채소로 이용되는데, 쌉쌀 달콤한 맛이 단델리온과 비슷하다. 레드 치커리와 함께 이탈리아에서는 빼놓을 수 없는 샐러드 재료이며, 쓴맛을 내는 인비턴이 소화를 촉진시키고 혈액순환을 좋게 한다. 수경재배도 가능하다.

(17) 겨자잎(Green Mustard Leaf)

원산지는 그리스이며, 잎은 무잎과 비슷하여 톱니 모양이다. 겨자잎은 겨자 열매가 열리기 전에 나는 잎으로, 잎의 가장자리가 오글오글한 것이 특징이다. 추위를 견디는 성질이 강하고, 어느 토양에서나 잘 자란다. 톡 쏘는 듯한 매운 맛과 향기가 특징으로, 우리나라에서는 주로 쌈채소와 샐러드용으로 쓰인다. 푸른색 잎은 피를 맑게 해주며, 매운맛이 나고 주로 샐러드용으로 이용되며 생선회에 곁들이면 비린내를 제거해 준다.

(18) 케일(Kale)

원산지는 지중해이며 양배추의 선조 격으로 양배추와 브로콜리, 콜리플라워 등은 모두 케일을 품종 개량하여 육성한 것이다. 종류는 잎 가장자리가 오글거리는 곱슬케일, 쌈채소로 이용되는 쌈케일, 흰색과 핑크색이 어우러진 꽃케일 등이 있다. 우리나라에서 흔히 먹는 케일은 콜라드라고도 부르는 쌈케일이다. 쌈채소로 이용할 때에는 잎이 손바닥 크기로 자라면 한 잎씩 따내는 잎따기로 수확한다. 잎따기 수확은 1주일 간격으로 할 수 있고, 혹한기에는 격주로 수확할 수 있다. 혈중

콜레스테롤 수치를 낮추어 고혈압을 개선하고, 혈당치를 정상으로 회복시켜 주는 것으로도 알려져 있다. 부드럽고 신선한 어린잎은 쌈이나 샐러드로 많이 먹으며 단맛이 난다.

(19) 콜라드(Collard)

녹즙용으로 가장 좋은 양배추의 선조이다. 진한 녹색잎으로 단맛이 있고 부드럽다. 상추처럼 잎을 떼어내 생산한다. 쌈, 샐러드에 이용하는데 신선한 어린잎이 좋다. 단맛이 있어 쓴맛 나는 치커리류나 엔다이브류와 같이 먹으면 좋

다. 몸속 유해물질의 방출을 촉진하는 정장기능이 있고, 비타민 C는 간장의 기능을 높여 해독작용을 촉진한다. 궤양을 치료하고 함유된 인돌화합물은 발암물질을 해독시킨다.

(20) 적겨자잎(Red Mustard Leaf)

김칫거리로 이용되는 것으로, 톡 쏘는 매운맛과 향기가 특징이며 잎은 자홍색을 띤 것과 청색에 적색을 띤 것이 있다. 갓과 흡사하지만 갓과는 달리 생으로 잎을 먹기에

좋다. 잎이나 잎맥에 생생한 활력이 있
는 엽맥에 광택 있는 두꺼운 잎이 신선
해서 좋다. 비타민 A, C가 풍부하고 칼
슘, 철이 많이 함유되어 있다. 다만 김치
를 담그면 카로틴이나 비타민 C의 양이
감소된다. 눈과 귀를 밝게 하고 마음을
안정시켜 준다.

(21) 뉴 그린(New Green)

브로콜리 중에 꽃봉오리를 먹는 것과
잎을 먹는 것이 있는데, 뉴 그린은 잎 브
로콜리에 속한다. 짙은 녹색과 울퉁불퉁
한 잎면이 희귀한 모양으로 신기한 먹거
리이다. 살짝 데쳐서 초장에 찍어 먹을
수 있고, 썰어서 비빔밥에도 넣어 먹으며

녹즙으로 마실 수도 있다. 녹색채소 중에서 영양가가 가장 높으며 소화기관에서 항암작
용을 한다.

(22) 단델리온(Dandelion)

유럽이 원산지이며 서양 민들레를 말
한다. 잎은 뿌리에서 뭉쳐나고 사방으로
퍼지며 타원 모양이다. 끝이 예리하고
뾰족하여 깃 모양으로 깊게 갈라지고 가
장자리가 밋밋하다. 편평하고 양끝이 뾰
족한 원기둥 모양이며 길이가 2~4mm

이고 짧은 돌기가 있으며 끝이 부리처럼 길다. 잎은 샐러드로 많이 사용한다.

(23) 적근대(Red Rhuvard Chard)

잎은 광택이 있고 넓으며, 줄기가 붉은색을 띤 홍근대이다. 잎을 떼어내도 다시 나오므로 햇볕이 드는 베란다에서 키운다. 쌈과 샐러드에 주로 이용되지만, 소금을 넣은 끓는 물에 살짝 데쳐서 찬물에 식혔다가 물기를 빼고 무침이나 국거리로 먹는다. 카로틴, 칼슘, 철을 풍부하게 함유한 홍록색 채소로 비타민 B_2, 칼륨, 철의 함량이 많다. 여성의 피부미용에 좋으며 지방의 축적을 방지하는 다이어트 채소이다. 당근, 양배추, 양파 등과 함께 자주 섭취하면 장암, 자궁암, 설암의 발병률을 낮출 수 있다고 한다.

(24) 비트잎(Beet Leaf)

유럽 남부가 원산지로 밭에 심는 채소식물이다. 뿌리는 사탕무처럼 비대해지지 않고 원줄기는 1m에 달하며 가지가 많다. 뿌리 잎은 난형 또는 긴 타원형으로 두껍고 연하다. 줄기 잎은 긴 타원형으로 끝이 뾰족하고 굵은 육질(肉質)의 잎자루가 있다.

(25) 적치커리(Red Chicory)

이탈리아가 원산지인 치커리의 한 종류이다. 결구(結球)시켜 포기로 수확한 것을 라디치오(Radicchio)라 부르고, 잎을 하나씩 뜯어내어 수확한 것을 적치커리라 부른다. 잎은 둥글고 붉은색을 띠는데, 흰색의 잎줄기와 조화를 이루어 아름답다. 국내에서는 소량만 생산되며, 소비량의 대부분이 수입되고 있다. 쓴맛을 내는 인터빈이라는 성분이 들어 있어 소화를 촉진시키고 혈관계를 강화시키는 효과도 있다. 서양에서는 주로 샐러드에 이용되며 우리나라에서는 샐러드와 쌈채소로 많이 먹으며, 고기볶음 요리에도 이용된다.

(26) 적샐러드볼(Red Salad Bowl)

'샐러드 그릇'을 뜻하는 샐러드볼은 샐러드로 많이 이용되는 채소이다. 잎이 열무나 참나무잎처럼 갈라져 있다. 녹색 잎은 '샐러드볼'이라 부른다. 쌈채로 이용하고 겉절이, 무침으로도 먹는다. 붉은색이 선명하여 샐러드 색깔 내기에 좋다. 칼슘, 칼륨, 인, 나트륨, 철 등 각종 미네랄과 비타민 A, C, 엽산이 함유되어 있다. 매일 먹으면 탈모를 방지하고, 검고 윤기 있는 모발을 가질 수 있다.

(27) 셀러리 줄기(Celery Stalk)

셀러리는 한약냄새 같은 독특한 향 때문에 우리나라 사람에게 그리 인기 있는 채소는 아니다. 주로 채소샐러드를 통하여 섭취하는 경우가 많고, 당근과 함께 갈아 마시는 것을 종종 볼 수 있다. 샐러드로 가끔 먹어서는 인체에 효능을 느끼기가 어렵고, 관절염, 방광염, 요로염과 같은 염증계 질환에 효과가 매우 좋은 것으로 알려져 있다. 또한 독특한 향을 주는 프티라이드, 폴리아세틸린은 항암효과가 있다.

(28) 물냉이(Watercress)

물냉이는 영어로 워터크레스(Weter-Cress), 프랑스어로 크레송(Cresson)이라 부른다. 유럽에서는 14C경부터 재배되기 시작했는데, 우리나라에는 선교사에 의해 소개되었다. 향긋하면서 톡 쏘는 매운맛과 쌉쌀하고 상쾌한 맛이 일품이다. 유럽에서는 후추 값이 매우 비싸던 시절에 '가난한 자의 후추'라 불리며 후추 대용으로 많이 사용했다고 한다.

단백질, 칼슘, 철분, 비타민 A, C 등이 다량 함유되어 영양가도 높으며, 해독, 해열, 이뇨, 소화작용, 당뇨병, 신경통에 효과가 있다. 주로 소스, 샐러드, 생선요리와 육류요리에 가니쉬로 많이 사용한다.

(29) 루콜라(Arugula ; Rucola)

우리나라의 시금치와 유사하게 생긴 서
양의 시금치라 부르기도 하며, 독특한 향을
가진 향신채소의 일종으로 주로 이탈리아
요리에서 많이 쓰이는 채소이다. 고소하고
쌉쌀한 맛과 매운맛 특유의 강한 향이 특징
이다. 각종 비타민, 미네랄이 풍부하게 함
유되어 있어 심혈관질환 예방, 눈 건강, 위장기능 개선, 피부미용, 피로회복에 효능이
있다. 특히 샐러드, 파스타, 피자의 토핑재료로 많이 사용한다.

(30) 카이피라(Caipira)

유럽형 상추인 카이피라는 녹황색의 부
드러운 잎을 지니고 있다. 국내 상추 특유
의 쌉쌀한 맛과 달리 단맛이 있으며, 수분
함량이 많아 식감이 아삭하고 부드럽다. 또
한 잎이 넓고 부드러우며, 뿌리 부분으로
내려갈수록 단단하고, 잎은 힘이 있고 뿌리
부분은 단단한 뿌리 상추의 모양을 하고 있다.

(31) 이탤리언 파슬리(Italian Parsley ; Prezzemolo)

서양의 3대 향신료인 월계수 잎, 후추, 파슬리 중 하나로 원산지는 이탈리아 남부와
북아프리카, 지중해 연안이며, 우리나라에는 1929년에 전래되었으나 널리 보급되지
못하였는데, 1970년대 수요가 증가하면서 재배되기 시작했다. 특히 이탈리아 요리에

서 '약방의 감초'인 이탈리언 파슬리는 생김새가 고수와 비슷하며, 향이 독특하고 색이 선명하여 가니쉬와 향신료로 널리 이용된다. 성인병과 고혈압 예방에 좋으며 비타민, 칼슘, 마그네슘, 철분이 많이 함유되어 있다.

(32) 이자벨(Ezabel)

치커리처럼 결각이 많고 풍성한 잎을 가지고 있어서 입안 가득 넣었을 때 부드러운 식감과 단맛이 난다. 중량은 계절별로 차이가 있으며 150~300g 내외로 토경재배와 수경재배가 모두 가능하여 연중 생산이 가능하다. 특히, 단맛이 우수하며 수분함량이 많아 식감이 아삭하고 부드럽다.

(33) 어린 채소잎(Baby Salad Leaves)

어린 채소잎에는 비타민과 미네랄 등이 일반 채소보다 최고 4배 이상 많은 성분이 함유되어 있다. 새순을 이용할 수 있는 채소로는 상추류, 겨자류, 근대 등 우리나라에서 재배되는 다양한 종류의 어린 채소가 많으며, 재배기간이 짧고, 유기재배가 가능하며 병충해 피해가 오기 전에 수확하

기 때문에 농약에 대한 걱정은 전혀 없다. 특히, 건강식에 대한 관심이 높아지면서 베이비 채소에 대한 관심이 높아지고 있다.

2) 경채류

식물의 줄기를 식용하는 채소로 수분과 섬유소의 함량이 높고 단백질 함량은 낮다. 미나리, 부추, 파, 쑥갓, 아스파라거스, 셀러리 등이 대표적이다. 아스파라거스나 셀러리의 경우 샐러드보다는 애피타이저에 더 많이 쓰인다.

(1) 대파(Leek ; Porri)

대파는 우리나라 음식에 많이 쓰이는 향신채소이다. 중국에서는 3천 년 전부터 재배하기 시작했고, 우리나라는 삼국시대 이전부터 재배한 기록이 있다. 영양가는 흰 부분보다 파란 부분에 많은데 비타민 A, C, K, 칼슘 등이 함유돼 있다. 몸을 따뜻하게 하여 열을 내리고 기침이나 담을 없애준다고 해서 감기의 특효채소로 알려져 있기도 하다.

서양의 대파는 우리나라의 대파와 달리 흰 부분은 파 형태이고 파란 부분은 마늘 형태로 되어 있다. 그래서 요리에는 흰 부분을 많이 쓰고 대개 파란 부분은 버린다. 육수 만들 때 파의 흰 부분을 많이 넣으면 훨씬 시원해진다.

(2) 셀러리(Celery ; Sedano)

셀러리는 미나리과에 속하며 지중해 지역과 서아시아가 원산지이며, 고대 그리스인과 로마인들은 음식의 맛을 내는 데 썼고 고대 중국에서는 약초로 이용했다. 셀러리는 줄기의 단단한 심줄부분을 제거하고 씻어서 사용하며 잎은 버리는

경우가 많다. 기관지염과 천식을 완화하고, 혈액순환을 돕고 변비를 예방한다. 주로 스톡이나 소스, 샐러드, 수프, 전채요리, 파스타, 생선요리 등에 쓰인다.

(3) 실파(Chive ; Cipollina)

생김새가 실처럼 아주 가느다랗다고 해서 붙여진 이름이다. 뿌리 부분을 제외하고는 쪽파와 모양이 비슷한데, 실파는 뿌리 부분이 일자 모양이고, 쪽파는 동그란 것이 다르다. 실파는 쪽파에 비하여 줄기 안의 진액이 많지 않아 주로 소스에 혼합하여 뿌리거나 볶음요리, 수프, 파스타 등 여러 가지 요리에 가니쉬로 많이 사용한다.

(4) 펜넬(Fennel ; Finocchio)

이탈리아어로 피노키오(Finocchio)라고 불리며, 줄기를 포함해 최소 20cm에서 최고 2m까지 자란다. 잎은 딜(Dill)과 비슷하며, 파란색이고 향이 강하다. 밑둥지는 포동포동하게 둥글며 흰색을 띠고, 파란색의 질긴 줄기는 버리고 감미로운 밑둥지를 적당한 크기로 잘라서 날로 먹거나 더운 채소요리에 사용하는데, 시원하면서 달콤한 향이 나며 주로 생선요리에 많이 사용한다. 회향이라고도 하며 소화작용, 장의 가스를 제거하는 데도 효과가 있다.

(5) 엔다이브(Endive)

꽃상추의 일종으로 벨기에의 대표적
인 샐러드 채소이다. 배추속처럼 타원형
으로 생겼으며 끝이 뾰족하고 순백색이
다. 주로 샐러드나 더운 채소에 많이 쓰
인다.

(6) 버섯(Mushrooms ; Funghi)

고대 그리스와 로마인들은 버섯의 맛을 즐겨 '신의 식품'이라 극찬하였으며, 중국인
들은 불로장수의 영약으로 진중하게 이용했다. 버섯은 영양성분이 높고 저칼로리식
품으로 혈액 속의 콜레스테롤 수치를 낮춰주고 각종 성인병과 암 예방에 효능이 탁월
하다. 근래 들어 버섯의 영양가와 약용가치가 밝혀짐에 따라 그 수요도 증가하고 있다.

팽이버섯(Straw Mushroom)

양송이버섯(Champignon Mushroom)

새송이버섯(New Pine Mushroom)

느타리버섯(Oyster Mushroom)

표고버섯(Black Mushroom)

(7) 송로버섯(Truffle ; Tartufo)

트러플은 땅속에서 자라나는 버섯의 일종으로 검은 다이아몬드라 불릴 정도로 미식가나 조리사들 사이에서는 찬사의 대상이 되는 버섯이며, 특정한 나무와 밀접한 관계를 지니며 살고 있다.

트러플은 일단 생성되면 스스로 자생하여 나무와의 관계는 더 이상 지속되지 않는다. 현재 우리가 알고 있는 트러플은 이미 형성된 트러플로부터 시작되는데, 우리가 육안으로 볼 수 있는 가장 작은 트러플은 6월 말쯤에 대략 1g 정도 된다. 이 기간 중 트러플이 성장하기 위해서는 세포분열을 위한 적정온도는 물론 토양 배양을 위한 모든 요소가 필요하다. 여름에는 무게가 급격히 증가되고 온도와 물이 필요한데 폭우나 비가 10~15일 간격으로 요구된다. 가을에 트러플의 성장은 계속되고, 10월 말쯤 숙성단계로 들어선다.

붉은색을 띠었던 껍질은 검은색을 나타내기 시작하고 흰색의 내부는 옅은 갈색으로 변하다가 마침내 검은빛으로 완성된다. 색의 변화가 진행됨에 따라 특유의 향이 점점 더 강해진다. 트러플을 캐는 데는 주로 돼지나 길들인 개를 이용하는데, 이유는 '트러플 파리'라는 곤충을 보호하기 위해서다. 트러플 파리는 유충이 트러플에서 살 수 있도록 트러플 위에 알을 낳는데, 유충이 완전히 성숙되면 강한 향이 나는 트러플

을 탐지할 수 있기 때문이다. 트러플 균사체(Mycelium)는 물론 이를 포함한 미세한
잔뿌리를 아주 망칠 수 있기 때문에, 삽 등을 이용하여 흙을 파내는 것은 매우 위험
하다.

(8) 아스파라거스(Asparagus ; Asparagi)

파란색과 흰색이 있으며, 제노바의 보
라색도 있다. 수확한 후 바로 요리해야
하며, 신선한 아스파라거스는 줄기에 물
기가 촉촉하고 똑똑 부러진다. 순이 올
라가는 끝부분의 잎이 벌어지지 않고 줄
기에 붙어 있는 것이 좋으며, 벌어진 것
은 맛이 없다.

3) 근채류

땅속에서 자라는 식물의 뿌리를 이용하는 채소이며 일반적으로 잠재에너지를 뿌리
부위에 많이 저장하고 있다. 셀러리 뿌리(Celeriac), 무, 양파, 마, 생강, 당근, 우엉,
연근, 고구마, 감자 등이 대표적이다. 셀러리 뿌리는 애피타이저나 샐러드에 주로 사
용되고 양파, 마늘, 생강은 모든 음식에 기본양념으로 사용된다.

(1) 양파(Onion ; Cipolla)

양파는 자극적인 냄새와 매운맛이 강
한데, 이것이 육류나 생선의 냄새를 없
앤다. 이 자극적인 냄새는 이황화프로필
알릴과 황화알릴 때문이며, 이것이 눈의

점막을 자극하면 눈물이 난다. 삶으면 매운맛이 없어지고 단맛과 향기가 난다.

샐러드, 수프, 드레싱, 소스, 육류나 채소 요리, 피클 등 거의 모든 요리에 쓰이는 식재료이다. 고혈압 예방 및 치료, 동맥경화 · 고지혈증, 심근경색 · 협심증, 당뇨병 예방 및 항암작용, 다이어트 등에 효과가 있다.

(2) 마늘(Garlic ; Aglio)

중앙아시아와 유럽이 원산지로 맛은 자극적이지만, 구울 경우 매운맛이 줄어 들고 달콤한 맛이 난다. 마늘에 들어 있 는 알리인(Alliin)은 그 자체로는 냄새가 나지 않는다. 그러나 마늘을 씹거나 다 지면 알리인이 파괴되며 알리신(Allicin) 과 디알릴디설파이드(Diallyl disulfide)가 생기는데, 이러한 것들이 마늘의 강한 향을 만들어낸다. 양파와 함께 모든 요리에 많이 쓰이는 식재료이다. 마늘의 효능으로는 각종 암 예방, 피로 · 기력 회복, 고혈압 · 노화 방지 등이 있다.

(3) 당근(Carrot ; Carote)

녹황색 채소의 대명사인 당근은 홍당 무라고도 하며, 아프가니스탄이 원산지 이다.

비타민 A와 비타민 C가 많고, 맛이 달아 나물, 김치, 샐러드, 수프, 주요리 의 더운 채소 등 서양요리에 많이 이용 한다.

(4) 감자(Potato ; Patate)

남아메리카가 원산지인 감자는 줄기
마디로부터 가는 줄기가 나와 그 끝이
비대해져 덩이줄기를 형성한다. 감자의
주성분은 전분이며, 단백질과 비타민 C
가 있다. 암을 비롯하여 위궤양, 십이지
장궤양, 위염, 고혈압, 당뇨병, 간장병,
천식 등에 효과가 있다. 감자는 주로 삶아서 간식으로 먹기도 하고, 샐러드, 수프, 주
요리인 더운 채소, 오븐구이, 튀김 등으로 많이 쓰인다.

(5) 비트(Beetroot ; Rape)

비트는 유럽 남부지방 지중해가 원산
지로 다육질의 굵은 원뿌리를 쓰기 위해
재배한다. 즙을 내면 천연색소인 선홍색
을 띠고, 채소 중에서 선홍색 붉은 채소
의 대명사로 쓰인다. 비트에는 리보플라
빈, 철, 비타민 A · C가 많으며, 주로 샐
러드, 피클, 소스 등에 사용한다.

(6) 샬롯(Shallots ; Scalogno)

은은한 향이 나는 다년생식물로 양파
의 일종인데, 우리에겐 생소하다. 모든
음식에 양파처럼 쓰이는 경우가 많은데,
각종 샐러드 드레싱, 소스, 생선 · 육류

요리에 곁들이는 더운 채소, 특히 프랑스 요리에 많이 사용한다.

(7) 고구마(Sweet Potato ; Patate Dolci)

고구마의 원산지는 중앙아메리카로 전분이 많고 단맛이 나는 혹뿌리를 가진 재배용 작물이다. 줄기 밑쪽의 잎자루 아래 뿌리를 내려 그 일부는 땅속에서 고구마가 된다. 고구마의 주성분은 녹말이며, 수분, 당질, 단백질 등이 있다. 항산화능력이 우수하며, 다이어트, 성인병 예방, 혈압 강하와 혈관개선에 효과가 있다.

(8) 레드 래디시(Red Radish)

방울 모양의 빨간색을 띠며 주로 유럽에서 재배되는 품종이다. 지중해 연안이 원산지이며 매운맛 성분은 유채과 공통의 겨자유 성분이다. 당분을 3% 내외 함유하지만 대부분은 과당과 포도당이다. 식이섬유, 칼슘, 철 등을 함유한 식품으로 간장 해독기능이 있어 간암 억제효능과 디아스타제라는 소화효소가 있어 소화력이 약한 사람에게 좋은 채소이다.

(9) 호스래디시(Horseradish)

원산지는 유럽 동남부이며, 서양고추
냉이를 말한다. 흰색의 큰 뿌리모양을
하고 있으며, 껍질을 깐 후 갈아서 사용
한다. 흰색의 죽(竹) 같은 모양으로 겨
자와 같이 개운하고 매운맛을 낸다. 주
로 로스트비프나 훈제연어에 곁들여지
는 소스로 많이 사용한다.

4) 과채류

식물학적으로 과일로 분류되지만 실제로 대부분의 사람들이 채소로 사용하고 또 대
부분 채소로 알고 있는 것으로서 오이, 가지, 호박, 토마토, 고추, 오크라, 피망 등이
이에 속한다. 오이와 토마토는 현재까지도 샐러드의 가니쉬로 쓰이고 가지나 호박은
그릴에 구워서 뷔페 샐러드에 자주 쓰인다. 고추과인 오크라는 최근 들어 애피타이
저의 가니쉬로 쓰이고 있으나 자른 단면에서 점액이 많이 나와 조금 지저분해 보이는
경향이 있다.

(1) 피망(Paprika ; Peperoni)

피망을 말하며 이탈리아어로 페페로
니(Peperoni)라 불린다. 초록색, 노란
색, 빨간색, 오렌지색 등이 있으며, 모양
도 길쭉한 것부터 쭈글쭈글한 것과 둥근
것에 이르기까지 다양하다. 초록색은 완
전히 익지(Ripen) 않은 것으로 다른 색

보다 많이 사용되지 않는다. 색이 진한 것이 잘 익은 것으로 감미로운 맛과 고유의 향을 발산한다. 대부분 맵지 않으나 간혹 매운 것도 있다.

(2) 가지(Eggplant ; Melanzane)

아라비아의 사라센(Saracen)에서 이탈리아로 처음 전파될 때 가지는 진한 보랏빛을 띠었다. 파란색은 먹기에 너무 떫고, 덜 큰 것은 피클을 만드는 데 이용한다. 크기가 작은 종자는 씨가 적게 들어 있다. 너무 익으면 껍질이 벌어지면서 색이 변한다.

(3) 토마토(Tomato ; Pomodoro)

이탈리아어로 토마토는 포모도로(Pomodoro)라고 부른다. 이탈리아의 토마토는 모양도 다양하고, 맛도 모두 다르다. 토마토는 이탈리아 요리에서 빠질 수 없는 재료로 토마토 소스를 만들 때는 물론이거니와 샐러드, 주요리 등 더운 채소, 파스타 요리에 다양하게 사용된다.

(4) 이탈리아 토마토(Plum Tomato ; Pomodori San Marzano)

길쭉한 산 마르차노 토마토는 껍질이 얇고, 속살이 두꺼우며, 비교적 씨가 적게 들어 있어서 껍질을 벗겨 토마토 홀이나 페이스트를 만드는 데 적합하다.

나무에 달린 상태로 햇빛을 쪼이면서 잘 익은 토마토라야 맛이 좋으며, 이것으로 소스를 만들면 토마토 특유의 향취가 극에 달한다.

(5) 방울토마토(Cherry Tomato ; Pomodorini)

조그마한 방울과 같다 하여 방울토마토라 불리며, 체리토마토(Cherry Tomato)라고도 한다. 통화식물목 가지과에 속하는 한해살이풀로 토마토의 일종이다. 꽃은 노란색으로 5~8월에 피고, 열매는 붉은색으로 7~9월에 익는다. 잎이나 열매 거의 모든 부분에서 토마토와 비슷하나 열매가 보통 2~3cm이며 구형을 띤다. 토마토보다 당도가 좀 더 높고, 먹기에 간편하고 달아서 간식이나 후식용으로 즐겨 먹는다.

(6) 피클(Pickled Cucumber ; Marinata Cetriolo)

피클(Pickle)은 오이 등의 채소와 과일 등을 소금에 절인 뒤 식초, 설탕, 향신료를 섞은 액에 담가 절인 서양식 음식이다. 가장 대표적인 것은 이탈리아식 오이 피클로서 파스타, 피자와 함께 먹

거나, 샌드위치, 햄버거를 만들 때 사용한다.

(7) 올리브(Olive ; Oliva)

올리브는 올리브나무에서 약 5년에
서 10년 사이에 열매를 생산하기 시작하
여 100년 이상까지 올리브를 생산한다.
올리브 오일 1ℓ를 생산하기 위해서는
4~5kg의 올리브가 필요한데, 모든 올
리브는 이른 가을에 녹색으로 나오기 시

작한다. 그러나 숙성하는 과정에서 어두운 자주색으로 변하고 마지막에는 완전히 숙
성된 검은색 열매로 바뀌는데 올리브의 숙성도는 올리브 오일의 맛을 결정하는 가장
큰 요인이 된다. 최상의 올리브 오일은 일찍 수확된 올리브(1/3이나 2/3만 어두워
졌을 때)로부터 얻어진다. 일찍 수확된 올리브는 과일향이 나는데, 주로 후추향이 난
다. 올리브는 전채요리, 파스타, 샐러드의 가니쉬, 소스 등 여러 가지 음식에 곁들여
사용된다.

(8) 아보카도(Avocado ; Avocado)

아보카도는 치즈와 버터, 달걀을 우
유에 섞은 것 같은 지방분이 있어 '숲속
의 버터'라고 불리며, 미국 인디언의 스
태미나 과실이었다. 특히 소금을 조금
넣으면 어디에 이런 맛이 숨어 있었는
지 깜짝 놀랄 정도로 농후한 맛으로 변

한다. 나무는 키가 아주 크고, 과실은 둥근 것, 서양배 모양 등으로 구분되며, 과피색

은 청색, 갈색, 흑색, 자흑색 등이 있다. 그러나 익으면 거의 흑색으로 변한다. 껍질은 올록볼록한 것과 매끄러운 것이 있다. 과육은 황색으로 맛을 보면 달지도 시지도 않으며 무염버터 같은 맛을 느낄 수 있다. 끈적끈적하고 결이 곱고 과실 중앙에 큰 씨가 있다. 탄수화물이 없고 단백질과 비타민류가 풍부하며, 그대로 먹거나 샐러드 또는 샌드위치나 카나페의 재료로도 인기가 높다. 만져봐서 말랑거리면 너무 익은 것이고, 거칠거칠하면 덜 익은 것으로 약간의 탄력이 있을 때가 먹을 때이다. 아보카도는 보통 섭씨 5℃ 정도로 보관하면 연화물을 상당히 촉진하여 말랑해지며 며칠씩 그 상태로 유지된다.

(9) 오이(Cucumber ; Cetriolo)

오이는 박과에 속하는 1년생 덩굴식물로서 우리나라에는 1500년 전에 중국을 거쳐 들어온 것으로 알려져 있다. 오이는 달콤하고 시원하며 가벼운 맛이 나서 멜론과 비슷하며, 성질이 차가운 음성식품이라 할 수 있다.

오이의 수분함량은 95% 정도이고, 무기질이 있어 갈증 해소에 좋으며 피부미용, 숙취 해소, 열량(100g당 19kcal)이 낮아 다이어트에 좋다. 주로 오이 샐러드, 찬 오이 수프, 여름철의 오이냉국, 무침 등에 쓰인다.

(10) 애호박(Zucchini ; Zucchina)

박과의 식물로 열대 및 남아메리카가 원산지이며, 주키니 호박이라고도 부른다. 전국적으로 재배되는 호박의 성분은 전분과 당분, 비타민 A, C가 많고, 겨울

에 부족하기 쉬운 비타민 A의 공급원이다. 서양요리에 많이 사용되는데, 주로 그릴에 구운 전채요리와 주요리의 더운 채소, 수프, 무침 등에 쓰인다.

(11) 옥수수(Sweet Corn ; Grano)

미국 대륙이 원산지로 쌀, 밀과 함께 세계 3대 주요 곡식 중 하나이며, 우리나라에는 중국으로부터 전래되었다. 옥수수는 단백질과 비타민 E가 풍부하여 체력증강, 신장병에 효과가 있다. 주로 옥수수가루인 폴렌타, 전분, 플레이크, 과자, 빵, 팝콘, 시리얼, 샐러드, 마가린, 시럽, 엿 등의 많은 가공식품 원료로 이용된다.

(12) 완두콩(Green Peas ; Piselli)

표면이 매끄럽고 녹색을 띠며, 콩이 덜 여물었을 때는 녹색이지만 성숙하면 담황색이 된다. 한 꼬투리에 5~6개의 열매가 들어 있는데, 덜 여물었을 때 먹는 것을 그린피스라고 한다. 이 콩은 덜 여물었을 때는 당분이 많아 단맛이 있으나, 따서 오래 두거나 익어감에 따라 당이 전분으로 변하여 단맛이 없어진다. 주로 크림수프, 샐러드, 더운 채소, 카레라이스 등에 사용하며 음식을 만들 때는 채소의 일종으로 취급되기도 한다.

(13) 그린 빈스(Green Beans ; Fagiolini)

아직 덜 자란 콩 꼬투리를 채소로 사용하는 것으로, 연할 때 채취하여 데쳐서 요리하거나 피클을 만들면 좋다. 커질수록 단단하고 딱딱해지며 꼬투리에 섬유질이 생겨 질겨진다.

(14) 폴렌타(Polenta ; Polenta)

이탈리아 요리인 폴렌타에 쓰이는 옥수수가루를 말한다.

(15) 렌즈콩(Lentil Beans ; Lenticchio)

유럽 남부 및 지중해 연안이 원산지인 일년생 콩과 식물로서 양면이 볼록한 렌즈 모양으로 생긴 콩을 말한다. 단백질이 풍부하고, 비타민 B군, 철, 인의 좋은 공급원이다. 주로 수프, 생선이나 가금류 요리의 더운 채소에 쓰인다.

(16) 키드니 빈(Red and White Kidney Bean ; Fagiolo)

신장같이 생겼다고 해서 강낭콩의 영어 이름인 Kidney Bean이라고 한다. 녹말 60%, 단백질 20% 정도를 함유하

고 있다. 열매는 긴 꼬투리로 맺히는데, 그 속에 들어 있는 씨는 식용한다. 콩과의 식용작물 중에서 전 세계적으로 가장 널리 재배되고 있다. 주로 수프, 미숙한 것은 녹색채소, 조림, 볶음 등의 요리에도 쓰인다.

(17) 케이퍼(Caper ; Capperi)

케이퍼는 지중해 연안에서 널리 자생하는 식물로 향신료로 이용하는 것은 꽃봉오리 부분이다. 꽃봉오리는 각진 달걀 모양으로 색깔은 올리브그린색을 띠고 있다. 케이퍼는 마르면 맛이 변하기 때문에 반드시 잠길 정도로 식초를 부은 후 유리용기에 밀폐하여 어두운 곳에 보관하는 것이 좋다. 소화촉진 및 식욕증진 작용이 있고, 위장의 염증이나 설사에 효과적이라고 알려져 있다. 주로 육류나 생선 요리, 샐러드, 드레싱, 마요네즈, 소스 등에 쓰인다.

(18) 호박씨(Pumpkin Seed ; Zucca Seme)

호박씨에는 칼륨, 칼슘, 인이 풍부하고 비타민 B군이 많이 들어 있으며, 머리를 좋게 하는 레시틴과 필수 아미노산이 골고루 들어 있다. 레시틴은 혈액순환을 돕고 콜레스테롤이 혈관에 쌓이는 것을 막아주기 때문에 고혈압이나 혈관의 노화를 예방하는 데 좋다.

(19) 잣(Pine Nut ; Pinoli)

잣은 솔방울처럼 생긴 구과(毬果)에 들어 있다. 속에 있는 흰 배젖[胚乳]은 향기와 맛이 좋으므로 식용하거나 약용한다. 잣의 성분은 지방유 74%, 단백질 15%를 함유하며 자양강장의 효과가 있다. 각종 요리에 고명으로 쓰이며, 죽을 끓여 먹기도 한다.

(20) 해바라기씨(Sunflower Seed)

볶지 않은 해바라기씨는 오독오독 씹는 맛이 있고, 약간 기름지며, 볶은 해바라기씨는 맛이 더 진하고 토스트향이 난다. 주로 빵, 비스킷, 머핀, 아침 식사용 시리얼인 뮤슬리에 넣으면 좋다.

(21) 호두(Walnut ; Noce)

호두는 아몬드, 땅콩과 함께 대표적인 견과류이다. 원산지는 중국이지만 오늘날 호두 하면 미국 캘리포니아가 떠오를 정도로 세계 최대의 호두 생산지이며, 전 세계 공급량의 70% 정도를 차지하고 있다. 성인병 예방, 심장질환, 피부미용에 좋으며, 주로 아이스크림, 샐러드, 파이, 쿠키, 과자, 빵, 시리얼 등에 쓰인다.

(22) 아몬드(Almond ; Amaretti)

아몬드에는 단백질, 철분, 칼슘, 인산, 비타민 B군이 소량 들어 있고, 지방이 많이 들어 있다. 아몬드는 날것으로 먹거나 껍질을 벗겨 표백시켜 볶아 먹는데, 흔히 과자를 굽는 데 쓰인다. 육류, 가금류, 생선요리, 안주, 샐러드, 제과용으로 많이 사용한다.

5) 화채류

각종 채소의 꽃을 식용으로 사용하기도 하는데 오이꽃, 호박꽃, 유채꽃, 장미꽃 등이 많이 쓰인다. 반면 브로콜리나 콜리플라워는 꽃이 피기 전에 수확해서 사용해야 한다. 꽃 종류는 거의 애피타이저의 가니쉬로 쓰이는데, 나오는 계절이 한정되어 있어 단기간만 쓸 수 있다는 단점이 있지만 계절색을 뚜렷이 보여줄 수 있다는 장점 때문에 계절마다 자주 쓰이곤 한다.

(1) 콜리플라워(Cauliflower ; Cavolofioli)

양배추과에 속하는 콜리플라워는 영양분이 많은 채소이다. 파스타 소스와 같이 익히는 요리에 사용하며, 때로는 샐러드에 넣어 날로 먹기도 한다. 대개는 흰색이지만 파란색(Romanesco)이나 보라색도 있다. 흠집이 없고 신선하여 바삭바삭해야 한다.

(2) 브로콜리(Broccoli ; Broccoli)

원산지는 지중해 연안이며, 겨자과에 속하는 짙은 녹색 채소로 꽃양배추라고도 불린다. 양배추보다 연하고 소화가 잘 되는 채소이며 브로콜리를 즐겨 먹으면 폐암, 위암, 대장암, 유방암, 자궁암, 전립선암 등에 걸릴 위험이 낮아진다.

(3) 아티초크(Artichokes ; Carciofi)

엉겅퀴과의 식물로 꽃봉오리 속의 연한 꽃잎과 꽃받침대를 식용으로 이용한다. 적당한 크기로 자란 것이어야 하며, 너무 자란 것은 섬유질이 많아 질기고 맛과 고유의 향이 저하된다. 꽃잎을 벌리면 시든 장미와도 같으며, 꽃잎은 꼭 붙어 있어야 하고, 줄기는 단단해야 한다. 다듬어 날것으로 방치하면 검게 변하므로 즉시 조리하는 것이 좋다.

6) 새싹 및 새순류

일반 채소에 비해 영양가가 6~7배로 뛰어난 새싹은 말 그대로 자란 지 얼마 안 된 식물의 싹(Sprout)을 말한다. 일명 '마이크로 그린'이라 하여 얼마 전부터 시중에 판매되었는데, 영양가가 뛰어나 최근 들어 인기를 끌고 있다. 더욱이 그 종류도 다양해서 무순, 적채, 알팔파 등 다양하게 선택해서 쓸 수가 있다.

새순(Baby Leaf)은 싹에서 조금 더 자란 형태로 외관상으로 봤을 때 다 자란 잎과 흡사한 모양을 갖고 있다. 어린잎은 뿌리 바로 끝에서 잘라 수확하기 때문에 비타민과 미네랄의 손실이 적고 여러 가지 채소를 한꺼번에 먹을 수 있는 장점이 있지만 채소 본연의 맛을 제대로 느끼지 못한다는 단점과 일반 채소보다는 고가로 거래된다는 단점이 있기도 하다.

(1) 알팔파(Alfalfa)

서남아시아가 원산지이며 옛날부터 사료작물로 재배하였다. 유럽에서는 루선(Lucern)이라고 불렸으나, 미국에서는 아랍어로 '가장 좋은 사료'라는 뜻으로 앨팰퍼라고 한다. 원줄기는 30~90cm까지 곧게 자라서 가지가 갈라진다. 잎은 어긋나고 작은 잎이 3장씩 나온다. 작은 잎은 긴 타원형 또는 바소꼴이고 끝이 뭉툭하거나 움푹하게 들어가 있으며 가장자리에 톱니가 있다. 모든 가축이 다 잘 먹지만 생육지에서 방목하면 가축의 발굽에 상처가 날 수 있기 때문에 주의해야 한다. 한편, 사람에게도 좋은데, 콜레스테롤을 낮추는 작용이 있어 특히 육류와 함께 먹으면 좋으며, 식이섬유가 많아 변비에 효과가 있다.

(2) 무순(Mustard Cress)

무는 우리의 식생활과 가장 밀접한 채소 중 하나이다. 무는 식이섬유, 칼슘, 철 등을 함유한 식품으로 강장 및 해독 기능이 있어 간암을 억제하며 디아스타제라는 소화효소가 포함되어 있어 소화력이 약한 사람이 먹으면 좋은 채소이다. 이러한 효능이 무순에는 약 10배 정도 함유되어 있어 새싹을 '영양의 보고'라고 일컫는 것이다.

2. 육류 및 생선류

1) 쇠고기

(1) 송아지 정강이살(Veal Shank ; Vitello)

송아지 뒷다리 아킬레스건에 연결된
단일 근육으로 사태 부위에 속한다. 육
색이 짙고 근육 결이 굵고 단단하다. 쫄
깃쫄깃한 맛이 일품이지만 생산량은 극
히 적다. 육수나 소스를 넣어서 오랜 시
간 끓이는 조리법을 이용한 정강이찜 요

리인 오소부코(Osso Buco), 스튜(Stew) 요리에 쓰인다.

(2) 쇠고기 티본(Beef T-Bone)과 송아지 티본(Veal T-Bone)

티본 스테이크는 안심과 등심을 등뼈에서 그대로 자른 T자 모양의 T자 뼈 사이에
안심과 등심이 함께 있는 스테이크를 말한다. 그러므로 안심의 부드러운 맛과 등심의
쫄깃한 맛을 동시에 느낄 수 있는 장점이 있다.

쇠고기 티본(Beef T-Bone)

송아지 티본(Veal T-Bone)

(3) 갈비등심(Rib Eye ; Bistecca)

우리나라에서는 꽃등심이라고 하며, 갈비의 눈이라고 해서 원형으로 되어 있다. 갈비 위쪽과 등뼈를 감싼 부위로서 쇠고기 안심, 채끝등심과 함께 상급 고기로 분류된다. 근내 지방이 많고 육질이 곱고 연하여 맛이 좋다. 주로 구이용이나 스테이크 요리에 적합하다.

(4) 등심(Sirloin ; Bistecca)

우리나라에서는 채끝등심이라고 하는데, 외국에서는 Sirloin(등심)이라고 한다. Rib Eye(갈비등심)보다 지방이 적고, 안심처럼 육질이 부드럽고 맛이 좋다. 구이용이나 스테이크 요리에 적합하다.

등심(Sirloin ; Bistecca) 1

등심(Sirloin ; Bistecca) 2

(5) 안심(Tenderloin ; Fileto)

등심 안쪽의 부위로 쇠고기 안심은 갈비뼈 13번 이후의 등뼈 안쪽에 붙어 있는 가늘고 긴 고기 부위로 2조각의 안심이 나오며, 한 마리의 소에서 약 2% 정도밖에 얻을 수 없는 최고급 부위이다. 안심 1개의 무게는 보통 3kg 정도이고, 정형하면 2.5kg 정도 된다.

안심은 쇠고기 부위 중에서 육질이 가장 연한 최상품으로 고깃결이 부드럽고, 지방이 적어 담백하고 맛이 좋다. 주로 스테이크, 로스구이 등의 요리에 적합하다.

안심(Tenderloin ; Fileto) 1   안심(Tenderloin ; Fileto) 2

2) 양고기

(1) 양갈비(Rock of Lamb)

양의 갈비가 붙어 있는 뼈가 달린 부분을 잘라서 Lamb Chop이라 하는데, 양념을 뿌려 숯불이나 팬에 굽거나 오븐에 구워서 요리한다.

(2) 양다리(Leg of Lamb)

양고기 음식 중에 양다리(Leg of Lamb) 요리는 다른 부위에 비하여 지방이 적은 편이며, 육질이 질기다. 양고기 특유의 냄새가 나기 때문에 마늘이나 로즈메리 등을 이용하여 로스트하거나 스튜 요리에 적합하다.

양갈비 손질하기(Boining Rack of Lamb)

① 통양갈비는 등뼈를 중심으로 뼈 자르는 칼을 넣어준다.

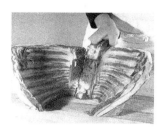

② 칼로 양쪽을 잘라 양갈비를 둘로 나눈다.

③ 양갈비뼈의 중간 부위에 칼을 넣어준다.

④ 갈비뼈를 따라 칼집을 넣어서 등쪽에 있는 단단한 등껍질을 제거한다.

⑤ 뼈에서 지방부분을 떼어내어 도출된 갈비뼈에는 살이 남아 있지 않게 한다.

⑥ 칼집 넣는 곳을 잘라내기 위해 갈비뼈 사이에 칼집을 넣는다.

⑦ 지방을 깨끗하게 제거한 후 갈비뼈에 붙어 있는 살을 제거한다.

⑧ 양갈비는 용도에 맞게 갈비뼈 한 개씩이 붙게 잘라서 사용한다.

3) 닭고기

닭고기 손질하기(Cutting UP Chicken)

① 닭날개 부위를 자른 후 왼쪽에 있는 닭가슴살과 닭다리 부위 중앙에 칼집을 낸다.

② 칼집을 낸 닭다리 부위를 꺾은 후 칼로 다리를 도려내고, 오른쪽 닭다리도 같은 방법으로 도려낸다.

③ 양쪽에 붙어 있는 닭가슴살 중앙에 있는 뼈를 중심으로 칼집을 넣는다.

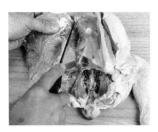

④ 왼쪽 날개뼈 부위부터 칼로 잘라낸다.

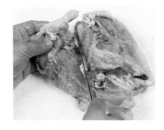

⑤ 날개뼈와 함께 닭가슴살을 위에서부터 아래로 잘라낸다.

⑥ 그리고 오른쪽 부위에 있는 닭가슴살도 같은 방법으로 잘라낸다.

⑦ 닭고기는 크게 날개, 가슴살, 다리, 뼈 부위로 분리하여 여러 가지 이탈리아 요리의 용도로 사용한다.

4) 생선류

(1) 바닷가재(Lobster ; Aragostall)

바닷가재는 태평양, 인도양, 대서양 연근해 등에 분포하며 육지와 가까운 바다 밑에 서식한다. 낮에는 굴 속이나 바위 밑에 숨어 지내다가 밤이 되면 활동한다. 매우 단단한 껍질로 되어 있으며, 양 집게다리의 길이는 몸길이와 비슷하

다. 몸의 빛깔은 보통 점무늬가 있는 짙은 초록색이거나 짙은 파란색인데, 불에 익히면 선명한 붉은색이 된다. 길이가 30~60cm, 무게가 0.5~1kg 정도 되며, 콜레스테롤과 지방함량이 적고 비타민과 미네랄을 공급해 준다.

(2) 새우(Shrimp ; Gamberetto)

새우류의 껍질은 당분과 단백질이 경합한 당단백질로 이루어져 있고 색소가 함유되어 있어 가열하면 적홍색이던 것이 선홍색으로 변한다. 새우는 대하(大蝦), 중하(中蝦), 젓갈용 새우 등으로 나눌 수 있다. 대하는 몸길이가 30~40cm

에 이르는 대형 새우를 말하며, 맛이 좋으나 먹을 수 있는 부분은 50%에 불과하다. 소금에 절이거나 튀김 또는 소금물에 쪄 먹기도 하는데 축하용 식사 때의 장식품으로 귀하게 쓰인다. 중하는 몸길이가 12~15cm 정도의 중형 새우로 튀김, 찜 등에 이용된다.

(3) 가리비(Scallop ; Capesante)

가리비는 연안으로부터 매우 깊은 수
심에까지 서식하며, 전 세계에 분포한
다. 두 장의 패각(Valve)이 부채 모양
을 하고 있다. 패각의 표면은 밋밋하거
나, 곡선 모양, 비늘 모양, 혹 모양을 하
고 있으며 골이 부채꼴 형태로 나 있다.

비교적 낮은 수온에서 수심 20~40m의 모래나 자갈이 많은 곳에 주로 서식하며, 성
장하면서 수심이 얕은 난류해역에서 먼 바다의 깊은 곳으로 이동한다. 이동할 때에
는 패각을 서로 마주쳐서 물을 제트엔진처럼 분사하여 앞으로 나간다. 주로 구이, 찜,
탕, 죽 등 여러 가지 요리에 사용된다.

(4) 홍합(Mussel ; Cozze)

홍합은 껍질이 두껍고, 보라색을 띠는
검은색이고, 삼각형 모양이다. 껍질 안
쪽은 검은색에 약한 푸른빛을 띤다. 홍
합에는 미틸로콘게스틴이라는 독성물질
이 중추신경에 작용하므로 4~5월 중순
경에는 먹지 않아야 한다. 마비성 독을
가진 알렉산드리움(Alexandrium)이라는 플랑크톤이 증가해 그것을 먹는 홍합의 몸
에 독이 축적되기 때문이다. 실제 홍합을 먹고 해안가에 사는 사람들이 중독되어 죽
은 사례가 있어왔다. 홍합에게는 이때가 자손 번식을 하기에 제일 좋은 때라고 한다.
종족보존을 위한 본능적인 지혜가 홍합에 들어 있기 때문이다.

3. 기타

1) 앤초비(Anchovy ; Acciuga)

우리나라에 멸치젓이 있다면 이탈리
아에는 앤초비가 있다. 재료와 만드는
방법이 멸치젓과 비슷한 앤초비는 스페
인과 프랑스, 그리스, 이탈리아 등 남부
유럽에서 즐겨 사용하는데 지중해와 유
럽 근해에서 나는 멸치류의 작은 생선을

소금에 절여서 발효시킨 젓갈을 말한다. 주로 앤초비를 이용한 소스, 샐러드, 파스타
등 다양한 요리에 활용하고 있으며, 짭짤하고 감칠맛이 돌아 한국인의 입맛에 잘 맞
아 수요가 늘고 있는 실정이다.

2) 올리브 오일(Olive Oil ; Oliva Olio)

이탈리아 레스토랑에 가면 올리브 오
일 향기가 곳곳에 배어 있다. 파스타 요
리는 물론 샐러드, 육류, 어패류, 채소
요리에 빠질 수 없는 중요한 조미료 중
하나이기 때문이다. 올리브 오일은 열매
를 수확하는 방법에 따라 가격의 차이가
많이 난다. 이탈리아는 스페인과 함께
올리브 오일 생산이 세계 1, 2위를 다투

기 때문에 이탈리아 사람들의 자부심은 대단하다.

올리브 오일은 혈중의 HDL(high-density lipoprotein, 좋은 콜레스테롤)을 높이고, LDL(low-density lipoprotein, 나쁜 콜레스테롤)은 낮추는데, 바로 이것 때문에 올리브 오일이 다른 기름이나 지방의 바람직한 대안으로 여겨지는 것이다. 올리브 오일은 화학제품이나 첨가물은 전혀 사용되지 않으며, 와인과 달리 발효되지 않으므로, 생산한 후 2년에 걸쳐 품질이 저하된다. 그러므로 가능한 한 빨리 사용하는 것이 좋다.

(1) 올리브 오일의 등급

① 버진 올리브유(Virgin Olive Oil)

버진 올리브 오일(Virgin Olive Oil)이란 오일의 질을 저하시키지 않는 여러 조건(특히 온도의 조건)을 갖춰 기계 또는 물리적 방법으로 오직 올리브나무의 열매로부터 얻어진 오일을 말한다. 이 오일은 씻기, 따로 붓기, 원심분리, 여과의 처리과정을 거친다. 버진 올리브 오일(Virgin Olive Oil)은 100g의 오일 중에 1~3g의 지방산을 함유하고 있다. 생산국가의 산업관례는 100g에 2g 이내의 산성도를 가진 오일을 생산토록 되어 있다.

올리브나무의 열매를 오직 기계적 혹은 물리적 공정(세척, 으깨기, 압착, 가만히 따르기, 원심분리, 여과)을 통해 얻는 기름으로서, 일체의 용제를 사용할 수 없으며, 다른 종류의 기름과 혼합되지도 않는다.

버진 올리브 오일은 첨가물이나 방부제가 들어 있지 않은 순수한 과일주스이다. 올리브 오일은 약 77%의 단순 불포화지방(Monounsaturated Fats)을 포함하고 있으며, 이것은 나쁜 콜레스테롤(LDL)은 줄이고, 좋은 콜레스테롤(HDL)을 보호해 주는 효과가 있다. 그리고 우리 몸에 꼭 필요한 리놀렌산(필수지방산의 일종이며 오메가3 지방산)을 적당량 포함하고 있다. 그러므로 올리브 오일은 비타민 A, D, E, K를 많이 포함하고 있어 피부를 아름답고 부드럽게 가꾸는 데 도움이 된다.

② 엑스트라 버진 올리브유(Extra Virgin Olive Oil)

Extra Virgin Olive Oil은 버진 올리브 오일 중 완벽한 맛과 향을 갖추고 있으며 100g의 오일 중에 1g 이하의 지방산을 함유하고 있다. 즉 열을 가하거나 화학적으로 정제되지 않고 압착의 과정을 통해 추출된다는 뜻이다. 엑스트라 버진으로 분류되기 위해서 올리브 오일은 조미료 정도의 품질(Condiment Quality)을 가져야만 한다. 즉 맛이 좋아야만 하는데, 가장 좋은 올리브 오일에만 Extra Virgin 라벨이 붙는다.

또한 다양한 맛과 향 그리고 작은 양이 생산되기 때문에 보다 비싼 가격으로 판매되고 있다. 맛의 차이는 올리브가 경작되는 지역, 토양, 기후조건, 올리브의 다양성, 올리브를 수확하고 취급하는 방식의 수준에 따라 결정된다.

③ 파인 버진 올리브유(Fine Virgin Olive Oil)

버진 올리브 오일 중 완벽한 맛과 향을 갖추고 있으며, 올레인산의 산도가 1.5% 이하인 것을 말한다.

④ 레귤러 버진 올리브유(Regular Virgin Oive Oil)

버진 올리브 오일 중 좋은 맛과 향을 갖추고 있으며, 올레인산의 산도가 3.3% 이하인 것을 말한다.

▶ 왜 올리브 오일이 좋다고 하나요?

식물성 기름은 기름을 짤 때 화학적 처리과정을 거치지만, 올리브 오일은 1000년 전에 그랬던 것처럼 열매를 직접 짜서 만들기 때문에 특별한 화학처리를 하지 않는다.

올리브 오일은 모든 사람에게 적합하기 때문에 특별한 부작용은 없으며, 다른 기름에 비해 소화 흡수력이 월등히 뛰어나다. 콜레스테롤 예방 효과도 있으며 간, 장 운동과 비타민 A, D, E, K 흡수를 도와준다. 특히, 엑스트라 버진 올리브 오일은 올바른 영양 섭취를 필요로 하는 노약자나 어린이에게 적합하다.

▶ 올리브 오일의 보관방법

열과 빛은 올리브 오일의 가장 큰 위협요소이다. 올리브 오일은 주변 환경의 다른 냄새와 맛을 쉽게 흡수하고, 산화되기 때문에 뚜껑을 꼭 닫아 햇빛이 들지 않는 시원하고 그늘진 곳에 보관해야 한다. 고급 올리브 오일은 수확한 지 2년 안에 사용하는 것이 좋으며, 8℃ 이하에서 하얗게 굳는 성질이 있는데 실온에 놔두면 원상태로 돌아온다. 물론 품질에는 이상이 없다. 올리브 오일은 보관만 제대로 하면 1년 이상 보존할 수 있다.

▶ 좋은 올리브 오일의 선택방법

올리브 오일의 색깔은 나무의 품종과 열매 수확시기에 따라 다양하게 나타난다. 올리브 열매는 설익은 상태에서는 연두색을 띠고 익을수록 짙은 검은색으로 변하는데, 예를 들면, 토스카나주에서 생산되는 올리브 오일은 연두색을 띤다. 이것은 설익은 그린 올리브를 수확해서 기름을 짜기 때문이며 품질과는 아무 관계가 없다.

모든 올리브 오일이 여과과정을 거치는 건 아니다. 생산자에 따라 여과과정 없이 판매하기도 하는데 투명도에서 보석 오팔과 같은 색이 나타난다. 일반적으로 북부지방에서 생산되는 올리브 오일이 중부와 남부 지방의 것보다 더 액체상태이다. 또한 향기는 토질과 나무의 수령, 품종에 따라 달라진다. 이처럼 다양한 종류와 예외가 있기 때문에 가장 좋은 방법은 맛을 보고 선택하는 것, 신뢰받는 상표를 선택하는 것이 좋다.

① 향기 : 올리브 오일의 냄새를 맡아보아 올리브향이 나야 하며, 약간의 풀냄새나 사과향이 날 수도 있다.

② 색깔 : 색은 너무 신경쓰지 않아도 되는데 생산자가 일찍 수확한 올리브 오일로 보이기 위해 나뭇잎 같은 색소를 더할 수도 있다. 그리고 약간의 불투명성은 나쁜 것이 아니다. 많은 감정가들이 약간의 과일 침전물은 올리브 오일에 풍부한 맛을 더한다고 말한다.

③ 맛 : 좋은 올리브 오일은 입천장 뒤쪽에서 후추향의 끝맛을 내는데, 올리브 맛 외에 수확시기에 따라 정도의 차이는 있지만 과일 맛이 난다. 올리브는 수확이 빠를수록 과일 맛이 더 강하다. 그러므로 올리브 오일의 맛을 보는 것인데, 티스푼 정도의 올리브 오일을 입안에 넣고 공기를 들이마셨다가 뱉으면 오일의 맛과 향기를 이해하는 데 도움을 준다.

3) 캐비아(Caviar)

캐비아는 카스피해의 북이란 영해에 이상적인 자연환경에서 자라는 철갑상어의 알을 채취하여 만든 것으로 이 철갑상어는 난생(알을 낳는 것)과 태생(새끼를 낳는 것)이 있는데, 그중 난생 철갑상어의 알을 채취한 것이다. 캐비아(Caviar)의 종류 중 벨루가, 오세트라, 세브루가의 알을 제일 알아준다.

(1) 벨루가 캐비아(Beluga Caviar)

평균 몸길이 3~4m, 몸무게 100~200kg의 거구 철갑상어에서 추출한 것으로 알은 몸무게의 15~30%를 차지한다. 알은 크고 밝은 회색이며 최우수 제품이다.

(2) 오세트라 캐비아(Osetra Caviar)

2m 정도의 길이, 40~80kg의 철갑상어 알로서 몸무게의 15% 정도의 알을 채취할 수 있다. 중간 크기의 알(좁쌀만 한 크기)로서 연한 갈색이다.

(3) 세브루가 캐비아(Sevruga Caviar)

1~1.5m의 몸길이, 8~25kg으로 몸집이 비교적 적고 코가 긴 철갑상어의 알이다. 1.5~3.5kg의 알을 채취할 수 있으며 알의 크기가 작고 흑색이다.

상어를 싱싱한 상태에서 등뼈 7번째(거의 몸 중간)를 쳐서 흥분시키지 말고 잡은 후 즉시 알을 꺼내야 한다. 그렇지 않을 경우 자체에 산성분이 발생하여 신선한 알을 채취하기 힘들다. 채취된 알을 고운체로 걸러 바로 염장해야 보관이 가능하다.

신선하고 질 좋은 캐비아를 채취하기 위해 카스피해 연안에는 많은 기지가 설치되어 있다. 캐비아는 단백질 30%, 지방 15%, 무기질(미네랄) 3%, 수분 52%가 들어 있다. 비타민이 풍부하고 소화가 잘 되므로 환자들에게 좋으며 최근에는 스태미나식과 미용식으로 널리 각광받고 있다. 캐비아와 가장 어울리는 음식 중 하나가 블리니(blini)다. 블리니는 일종의 팬케이크로, 메밀가루로 팬케이크를 부친 후 그 위에 사워크림을 뿌리고 맨 위에 캐비아를 조금 얹어서 먹는 것이다.

캐비아(Caviar)   블리니(Blini)

4) 발사믹 식초(Balsamic Vinegar)

이탈리아어로 '맛이 좋은'이라는 뜻의 발사믹 식초는 이탈리아 에밀리아로마냐 (Emilia-Romagna)주의 모데나(Modena)와 레지오에밀리아(Reggio Emilia) 지역에서 만드는 식초의 일종이다. 옛날에는 약으로 사용했으며 그 향과 맛은 매우 특이한데, 전통적인 발사믹 식초의 제조방법은 100년이 지나도 바뀌지 않고 있다.

발사믹 식초는 청포도 품종 중에서 당분이 많은 것을 사용하는데, 모데나(Modena) 지역에서 자라는 트레비아노(Trebbiano) 포도품종을 사용한다.

전통적으로 요구하는 것은 포도의 수확시기로 가능하면 자연적 영향을 잘 받아서 최고로 완전하게 무르익어 당도가 아주 높을 때까지 늦게 수확하는데 제조방법은 와인과 거의 같다.

포도를 수확해서 압착한다 → 압착한 포도즙에 발효의 신호가 보이면 양조통으로 옮겨서 거른다 → 즙 속의 설탕이 알코올로 변하기 전에 양조통으로 옮겨서 거른다 → 불위에서 캐러멜화되도록 어느 정도의 수준까지 끓인다 → 거른 후 식혀서 통(Cask)에 옮겨 숙성시킨다.

통의 재질은 밤나무나 앵두나무, 뽕나무로 만들어지는데, 서로 다른 독특한 맛을 내기 위하여 이용된다.

발사믹 식초에는 항산화작용을 하는 폴리페놀이 풍부해서 암을 예방하고, 올리브 오일에는 불포화지방산이 다량 함유되어 있어 콜레스테롤 수치를 낮추는 데 효과적이다.

Italian Cuisine

4

CHAPTER

허브와 향신료

제4장

허브와 향신료

1. 허브의 정의

신선한(Fresh) 식물의 잎만을 사용하여 향기나 향미를 내게 하는 식물을 말한다. 허브는 약초이다. 허브는 향초이다. 허브는 채소이다. 허브는 향신료라 부르기도 한다.

허브의 어원은 '푸른 풀'이라는 뜻을 가진 라틴어의 허바(Herba)에서 유래되었다. 허브(herb)는 고대에는 향과 약초라는 의미로 사용되었지만 현대에 와서 약, 요리, 향료, 살균, 살충 등에 사용되는 식물 전부를 의미하게 되었다.

1) 허브의 여러 가지 이용법

① 심신을 안정시키고 진통과 진정 등의 치료가 목적인 치료약으로 사용한다.

② 약재로 사용하기 위해 허브의 성분을 침출하여 얻은 침출액, 달임, 찜질 등에 사용한다.

③ 조리 시 육류나 생선 요리의 역한 냄새를 제거해 주며, 향기를 부여해 주고, 착색 및 방부효과를 준다.

④ 식욕촉진과 소화흡수를 돕는다.

⑤ 허브차를 비롯하여 각종 방향제와 요리의 재료, 관상용으로도 많이 활용된다.

2. 향신료의 정의

조리할 때 음식물에 풍미와 향기를 주어 식욕을 촉진시키는 천연 식물성 물질을 말한다. 우리나라에서는 양념이라 하였으며 영어로는 'Spice'라고 한다. 또한 향신료는 향미료와 착색료 등으로 사용되고 있다.

[발달 배경]

첫째, 서양에서 발달

둘째, 당시 유럽의 음식이 맛이 없었다.

셋째, 약품으로 사용되었다.

넷째, 흥분 또는 마취 효과가 있고 미약(媚藥)으로도 사용되었다.

3. 허브와 향신료의 활용

현재 우리 국민의 식생활 패턴은 서구화되고 있다. 채식문화에서 육식문화로 전환되면서 향신료와 허브에 대한 관심도가 한층 높아지고 있으며, 스트레스를 해소하는 정신적인 치료라든지 미용, 다이어트, 노화방지, 건강증진 등 그 이용범위가 점차 확대되는 실정이다.

① 허브를 이용한 오일 드레싱(Herb Oil Vinaigrette) : 올리브 오일에 허브를 넣은 드레싱 오일로 전채요리, 샐러드, 해산물 마리네이드에 사용한다.

② 식초(Vinegar) : 과일을 이용한 식초에 허브를 담가서 만드는 식초

③ 피클(Pickle) : 채소에 식초, 향신료, 허브, 설탕 등을 함께 넣고 절인 식품

④ 허브 샐러드(Herbs Salad) : 샐러드에 허브를 섞어 사용한다.

⑤ 허브차(Herb Tea) : 각 식물마다 함유된 성분이 있어 차를 끓여 마시면 신체기능을 정상화해 준다.

⑥ 약술 : 취침 전 신진대사 촉진, 소화흡수를 위해 사용한다.

4. 허브와 향신료의 종류 및 용도

1) 바질(Basil ; Basilico)

민트과 식물로 인도를 중심으로 한 동아시아와 중유럽이 원산지이다. 꽃과 잎을 이용하며, 전채요리, 수프, 생선과 고기 요리, 스튜, 샐러드에 많이 이용되며, 특히 이탈리아 요리에 필수적인 향신료이다.

2) 타라곤(Tarragon ; Estragone)

유럽이 원산지이며, 잎을 주로 사용한다. 달걀요리, 생선, 수프, 샐러드, 피클, 소스와 드레싱에 사용된다.

3) 처빌(Chervil ; Cerfoglio)

온대지방에서 서식하는 미나리과 식물로 파슬리와 향이 비슷하며, 잎을 주로 사용한다. 치즈, 생선, 가금류, 샐러드 등에 사용한다.

4) 고수(Coriander ; Coriandolo)

미나리과 식물로 실무에서는 Chinese Parsley라 칭하기도 한다. 중국과 남부 프랑스 그리고 모로코가 원산지로 알려져 있다. 줄기와 잎, 꽃의 향을 이용한다. 카레, 케이크, 빵, 소스, 소시지 등에 이용한다.

5) 딜(Dill ; Aneto)

북부유럽이 원산지이며, 씨와 줄기 그리고 잎을 이용한다. 각종 생선요리는 물론이고 채소피클, 샐러드, 드레싱, 훈제연어와 절인 연어, 소스와 수프 요리에 사용한다.

6) 펜넬(Fennel ; Finocchio)

딜과 향이 비슷하며, 생선요리에 주로 사용된다. 줄기는 요리에 이용되며, 씨는 향
신료로 이용한다. 북유럽의 요리에서 많이 사용하며, 수프와 빵에 사용한다.

7) 타임(Thyme ; Timo)

지중해가 원산지이며, 꽃과 잎을 사용한다. 향이 좋아 100리까지 향기가 난다고 하여
백리향이라고도 한다. 쇠고기, 양고기, 사슴, 가금류, 돼지, 소스, 수프 등의 다양한
요리에 사용한다.

8) 마조람(Marjoram ; Maggiorana)

지중해가 원산지로 박하류에 속하는 초본식물이다. 잎을 말려 사용하며, 건조한 곳에 밀봉하여 저장해야 한다. 육류요리, 수프, 소스에 주로 사용한다.

9) 민트(Mint ; Menta)

Apple Mint, Spear Mint, Pepper Mint 등이 실무에서 사용되고 있다. 알코올과 캔디, 음료 등의 방향제로 이용되며, 양고기 요리에는 필수적으로 사용된다. 디저트나 과일에 곁들여 사용되기도 한다.

10) 오레가노(Oregano ; Origano)

민트과 식물로 아메리칸 대륙과 이탈리아가 원산지로 알려져 있다. 수프와 소스, 파스타와 피자, 육류요리 등에 사용된다.

11) 파슬리(Parsley ; Prezzemolo)

지중해 연안이 원산지이며, 잎과 줄기 그리고 꽃을 사용한다. 채소, 수프, 소스, 육류요리, 생선요리 등에 사용된다.

12) 로즈메리(Rosemary ; Rosmarino)

지중해 연안이 원산지이며, 박하식물에 속하는 잡목의 잎을 주로 이용한다. 주로 돼지, 양고기, 오리, 사슴, 멧돼지 등과 같은 육류요리에 사용되는 향신료이다.

13) 세이지(Sage ; Salvia)

박하류에 속하는 식물로 유럽이 원산지이다. 토마토 소스, 소시지, 돼지고기, 송아지, 소스와 수프 등에 사용된다.

14) 주니퍼 베리(Juniper Berry ; Ginepro)

유럽이 원산지이며 삼나무과에 속하는 식물로 콩알만 한 크기의 열매를 사용한다. 사워크라우트, 스튜 등에 사용한다.

15) 겨자씨(Mustard Seed ; Senape)

겨자나무의 씨앗을 향신료로 사용하는데, 겨자씨는 샐러드와 소스, 피클과 소시지 등을 만드는 데 사용된다. 겨자씨를 갈아서 겨자소스로 만들며, 다른 향료와 식초를 혼합하여 맵고 신맛의 겨자크림을 만든다.

16) 육두구(Nutmeg ; Noce Moscata)

인도네시아의 몰루카제도가 원산지이다. 열매의 씨를 분말로 만들어 향신료로 이용한다. 디저트 요리에 많이 사용하며, 그 외에도 거의 모든 육류요리, 수프와 소스에 사용된다.

17) 후추(Peppercorn ; Pepe)

　동남아가 원산지로 덩굴나무의 열매를 채취한 것이다. 덜 익은 파란 열매에서 얻은 Green Peppercorn, 약간 익었으나 아직 덜 익은 Black Peppercorn, 완전히 익은 Pink Peppercorn, Pink Pepper의 껍질을 완전히 벗겨낸 White Peppercorn 등이 있다. 후추는 방향성이 강하고 살균력이 있기 때문에 소독제로 이용되기도 한다. 특유의 향 때문에 거의 모든 요리에 사용된다.

파란 통후추	검은 통후추
흰 통후추	빨간 통후추

18) 터메릭(Turmeric ; Turmeric)

생강과에 속하는 노란색 방향성 식물로 인도가 원산지로 알려져 있다. 피클, 달걀, 가금류, 소시지, 생선요리 등에 사용된다. 물에 잘 용해되며, 노란색의 염료로 사용되기도 한다.

19) 월계수 잎(Bay Leaf ; Alloro)

상록관목으로 잎에서 나오는 향을 이용하며, 이탈리아와 그리스, 터키를 중심으로 한 지중해 연안이 원산지이다. 거의 대부분의 가열하는 요리에 사용한다. 생선류, 가금류, 육류, 수프, 소스, 피클 등을 만드는 데 이용한다.

20) 카옌페퍼(Cayenne Pepper ; Pepe di Caienna)

작으나 매운 고추의 일종으로 미세한 분말로 만들어 사용한다. 생선요리와 육류요리에 주로 사용하며, 드레싱과 소스에도 사용한다.

21) 계피(Cinnamon ; Cannella)

중국과 인도에 서식하는 계피나무에
서 나오는 향을 이용한다. 주로 밀가루
로 만드는 케이크나 쿠키, 한식의 수정
과 등에 이용한다. 한약재로 사용하기도
하며, 기름을 추출하여 향료로 이용한다.

22) 정향(Cloves ; Chiodi di Garofano)

인도네시아의 열대식물로 개화하기
전의 꽃봉오리를 따서 말린 것이다. 강
한 방향성과 살균력이 있어 구강 소독제
의 원료로 사용하기도 한다. 요리에는
고기조림, 생선, 피클, 채소피클, 육류
수프 등을 만드는 데 이용한다.

피망 껍질 벗기는 방법(Basic Methods for Peeling Paprika)

1 가스불로 구워 탄 부분을 벗기기

① 피망을 집게로 집거나 포크에 꽂아 가스 불에 굽거나 석쇠 위에 올려 태운 후 표면이 고르게 탈 때까지 피망을 돌려가며 굽는다.
② 즉시 종이봉지 또는 랩을 씌워 피망껍질에 습기가 차게 한다.
③ 피망을 손으로 만져보았을 때 차가우면 작은 칼을 이용하여 탄 부분의 껍질을 벗겨낸다. 이 방법은 작은 양의 피망 껍질을 벗길 때 사용한다.

2 오븐을 이용해서 벗기기

① 붓으로 피망 표면에 식용유를 약간 바른다.
② 피망을 2등분하거나 통째로 팬에 올려 피망이 겹치지 않도록 놓고 오븐에서 굽는다.
③ 피망 껍질에 물집이 생기고 색이 나면 꺼내서 시트팬(Sheet Pan)이나 비닐로 덮어둔다. 증기를 이용하여 피망의 껍질을 쉽게 벗기기 위함이다.
④ 피망의 껍질을 칼로 벗긴다. 많은 양의 피망을 벗길 때 사용한다.

3 기름에 튀겨서 벗기기

① 집게와 튀김 바스켓을 이용하는 방법으로 165℃의 뜨거운 기름에 피망을 넣는다.
② 피망을 180℃로 가열된 기름에 넣고 충분히 잠기게 한다.
③ 피망에 물집이 생길 때까지 완전히 튀긴다.
④ 튀긴 피망을 건져서 기름을 제거하여 랩으로 싼다.
⑤ 칼로 피망의 껍질을 벗긴다.

피클(Pickle) 이야기

피클(Pickle)은 저장식품의 일종으로 향신료(Pickling Spice) 육수에 식초와 설탕을 넣고 간을 하여 오이 등 여러 가지 채소를 담가 절인 서양식 음식이다. 가장 대표적인 것은 이탈리아식 오이피클이며, 피자나 파스타와 곁들여 먹거나, 샌드위치, 햄버거, 드레싱 등의 다양한 요리에 사용된다.

피클이라고 하면 오이절임, 또는 오이만을 이용한다고 생각하기 쉬운데, 피클에는 오이 외에도 여러 가지 채소가 들어간다. 피클에는 특히 단단한 채소를 사용하는 것이 좋은데 오이 중에서는 조선오이, 무, 당근, 고추, 파프리카, 마늘, 양파 등을 많이 사용한다.

피클링 스파이스는 여러 종류의 향신료를 혼합한 향신료로서 겨자씨, 코리앤더, 딜시드, 검정 통후추, 계피, 월계수 잎 등으로 되어 있다. 최근 이탈리아 레스토랑에서는 음식트렌드 변화로 인하여 피클을 만들 때 피클링 스파이스의 양을 줄이고, 비트(Beetroot)를 약간 넣고 피클을 만드는 추세이다. 채소에 비트 색깔이 스며들기 때문에 시각적으로 맛을 증진시키는 요소가 된다.

피클 만드는 레시피는 다음과 같다.

Quantity Produced (2kg 기준)

Cucumber(Local)	1kg	Pickling Spice	5g
Carrot	3ea	Water	1ℓ
Onion	3ea	Vinegar	400ml
Chilli Pepper(Red, Green)	200g	Sugar	200g
Turnip	1/2ea	Salt	50g

Method

① 모든 채소는 손질하여 깨끗이 씻은 후 준비한다.
② 오이, 당근에 굵은소금을 뿌려 2시간 정도 절여놓은 후 흐르는 물에 소금을 씻어낸다.
③ 냄비에 물을 붓고 피클링 스파이스와 설탕을 넣고 잘 우러나올 때까지 끓인다. 이때 건고추를 조금 넣으면 시원한 맛이 난다.
④ 불을 끄고 식초를 넣어서 약간 끓인 후, 새콤달콤한 맛이 나게 간을 한다.
⑤ 소창이나 고운체에 걸러서 불순물을 제거한다.
⑥ 용기에 모든 채소를 넣고 피클링 스파이스 국물을 붓고 냉장고에 보관하여 사용한다.

Check Point

• 피클링 스파이스 국물은 식혀서 붓는다. 왜냐하면 채소를 소금에 절였기 때문이다. 우리나라 전통음식인 채소 장아찌는 소금에 절이지 않기 때문에 간장 육수를 뜨거울 때 넣어야 채소의 질감이 아삭아삭하다.
• 볏짚을 넣으면 오이의 빛깔이 좋아진다.
• 채소는 단단한 것이 좋다.
• 담근 후 5일 정도면 먹을 수 있다.
• 보관은 냉장고에 해야 맛이 좋아진다.
• 새콤달콤, 아삭아삭 씹히는 맛이 좋은 피클은 서양식 장아찌라고 할 수 있다.

Italian Cuisine

5

CHAPTER

Antipasti
Appetizer
전채요리

제5장

Antipasti(Appetizer)

전채요리

　안티파스티(Antipasti)는 전채요리인 애피타이저(Appetizer)를 말하는 것으로, 식사코스에서 제일 먼저 제공되는 요리를 말한다. 즉 식욕을 증진시키기 위한 음식으로 새콤하고 감미로운 맛으로 음식의 풍미(Flavor)를 느낄 수 있다.

　지역에 따라 이용하는 식재료나 만드는 방법이 다양한데, 피에몬테(Piemonte)와 풀리아(Puglia) 지역에서는 전형적인 식사의 역할을 한 것에 비하여, 리구리아(Liguria)와 에밀리아로마냐(Emilia-Romagna)에서는 적은 양만이 제공되었다. 피에몬테와 풀리아 및 리구리아 지역에서는 주로 채소를 이용하며, 에밀리아로마냐 지역에서는 소금에 절이거나 말린 육가공품을 함께 이용한다.

현재 이탈리아 음식의 큰 변화는 안티파스티가 이탈리아 식사에 있어서 중요한 역할을 차지한다는 것이다. 안티파스티는 영양가가 많은 재료를 선별하여 그 재료가 가진 맛을 최대한 살릴 수 있도록 요리하여 접시에 담는 것이 중요하다.

신선한 연어 타르타르와 아스파라거스를 곁들인
토마토 브루스케타

Bruschetta al Pomodoro con Tartar di Salmone e Asparagi all'olio

Tomato Bruschetta with Salmon Tartar and Aspagus Salad
신선한 연어 타르타르와 아스파라거스를 곁들인 토마토 브루스케타

Method

1. 토마토를 콩카세(concasser)하여 다진 양파와 마늘, 바질 잎, 올리브 오일을 넣고, 소금과 후추로 간을 하여 토마토 살사를 만든다. 이때 토마토에서 물이 나오지 않도록 버무릴 때 주의한다.

2. 프렌치 빵을 얇게 썰어 코팅 팬이나 오븐에서 약간 색깔이 나게 구워 올리브 오일을 약간 바르고 빵 위에 토마토 살사를 얹어서 보기 좋게 완성한다.

3. 아스파라거스는 필러로 껍질을 벗기고 삶아서 찬물에 식힌다.

4. 삶은 아스파라거스를 용도에 맞는 크기로 자른 후 올리브 오일과 발사믹 식초, 소금, 후추로 간을 하여 양상추와 함께 준비한다.

5. 발사믹 글레이즈는 발사믹 식초에 양파, 마늘, 설탕, 타임을 넣고 은근히 끓인 후 채소가 익으면 전분으로 농도를 맞추어 식힌다.

6. 신선한 연어는 1cm 정도로 네모나게 썰거나 다져서 다진 양파, 레몬즙, 올리브 오일을 넣고 간을 하여 버무린다.

7. 접시 중앙에 발사믹 글레이즈를 뿌린 후 양상추를 깔고 원형 틀을 올려놓고, 연어를 채운 뒤 조심스럽게 원형 틀을 뺀다.

8. 아스파라거스를 연어 옆에 보기 좋게 놓고, 준비해 놓은 토마토 브루스케타를 곁들여서 완성한다.

Check Point

브루스케타의 전통식은 빵을 굽지 않고 마른 빵에 생마늘을 비벼서 문질러 맛을 냈다. 그 후에 생마늘 향을 별로 선호하지 않으므로 마늘을 바르고 굽는 경우가 많다. 현재 호텔이나 정통 이탈리아 레스토랑에서는 빵 위에 마늘 오일을 바른 후에 굽는 경우가 많다.

Quantity Produced (1portion)

Tomato Bruschetta

French Bread	1 slice
Tomato Salsa	30g

Salmon Tartar

Fresh Salmon Fillet(연어 살)	30g
Olive Oil(올리브유)	5ml
Fresh Lemon(레몬즙)	1/6ea
Onion Chopped(다진 양파)	10g
Parsley Chopped(다진 파슬리)	3g

Asparagus Salad

Asparagus	1pc
Balsamic Vinegar	5ml
Lettuce Leaf	1pc
Salt	
Ground White Pepper	

Balsamic Glaze

Balsamic Vinegar	
Onion Slice	
Garlic Clove	
Sugar	
Bay Leave	
Thyme	
Cornstarch	

모차렐라 치즈와 토마토 브루스케타

Bruschetta con Bufala Mozzarella

Bruschetta with Buffalo Mozzarella and Tomatoes
모차렐라 치즈와 토마토 브루스케타

Method

1 마늘은 잘게 다지거나 얇게 썰어서 올리브 오일을 넣고 섞는다. 이러한 방법을 마늘 오일이라고 한다.
2 토마토는 작은 크기로 꼭지를 제거하고 윗부분에 열십자(+)로 칼집을 내서 끓는 물에 살짝 넣은 후, 껍질이 벗겨질 것 같으면 건져내어 찬물에 식혀서 껍질을 벗겨 놓는다.
3 바게트 빵은 용도에 맞게 적당한 두께로 썰어서 준비해 놓는다.
4 썰어 놓은 바게트 빵의 한쪽 면 위에 만들어 놓은 마늘 오일을 반만 바르고, 팬이나 샐러맨더에 마늘 오일을 바른 한쪽 면만 연한 갈색이 나게 굽는다.
5 구운 바게트 빵 위에 토마토와 모차렐라 치즈를 얇게 썰어서 토마토, 모차렐라 치즈 순서로 보기 좋게 놓는다.
6 토마토와 모차렐라 치즈 위에 마늘 오일의 반을 뿌리고, 바질 잎으로 장식하여 완성한다.

Quantity Produced (4portions)

Baguette Bread	4 slice
Garlic Cloves	2ea
Olive Oil	60ml
Buffalo Mozzarella	150g
Tomatoes(S)	2ea
Salt	
Ground Pepper	

Garnish

Fresh Basil Leaves

버섯 브루스케타

Funghi Bruschetta

Mushroom Bruschetta
버섯 브루스케타

Method

1 마늘은 잘게 다지거나 얇게 썰어서 올리브 오일을 넣고 혼합하여 마늘 오일을 만든다.

2 양파와 마늘은 곱게 다져 놓는다. 이때 마늘 한쪽은 마늘 오일, 마늘 두쪽은 버섯을 볶을 때 사용한다.

3 버섯은 바게트 빵 크기에 맞게 적당한 크기로 썰어서 프라이팬에 버터를 두르고 다진 양파와 마늘, 버섯 순서로 볶은 후 화이트 와인, 발사믹 식초, 소금, 후추를 넣고 간을 하여 볶는다. 이때 버터를 넣고 볶을 때에는 프라이팬의 온도가 너무 뜨거우면 버터가 타서 좋지 않으므로 주의한다.

4 바게트 빵은 용도에 맞게 적당한 두께로 썰어서 준비해 놓는다.

5 썰어 놓은 바게트 빵의 한쪽 면 위에 만들어 놓은 마늘 오일을 반만 바르고, 팬이나 샐러맨더에 마늘 오일을 바른 한쪽 면만 연한 갈색이 나게 굽는다.

6 구운 바게트 빵 위에 볶은 버섯을 보기 좋게 얹고, 거칠게 다진 파슬리를 뿌려 완성한다.

Quantity Produced (4portions)

Baguette Bread	4 slice
Garlic Cloves	3ea
Olive Oil	45ml
Mixed Wild Mushroom	225g
Butter	25g
Onion	1/2ea
White Wine	50ml
Balsamic Vinegar	5ml
Salt	
Ground Pepper	

Garnish

Fresh Parsley	30g

토마토 살사

Salsa di Pomodoro

Raw Tomato Dip
토마토 살사

Method

1 토마토를 윗부분에 열십자(十)로 칼집을 낸 후 끓는 물에 살짝 데쳐낸다.
2 껍질을 벗기고 토마토를 4등분하여 씨를 모두 제거한 후 네모나게 작게 썬다.
3 작게 썬 토마토에 다진 샬롯과 마늘, 올리브 오일, 바질 잎을 넣고 소금과 후추로 간을 하여 버무린다.

Quantity Produced (600g)

Tomato	4ea
Shallots Chopped	2ea
Garlic Chopped	2ea
Fresh Bunch Basil	1pc
Olive Oil	150ml
Salt	
Ground White Pepper	

Check Point

Tomato Concasser 5단계

① 토마토 꼭지를 칼끝으로 도려내고, 윗부분에 열십자(十) 모양으로 칼집을 작게 낸다.

② 끓는 물에 데쳐내어 찬물에 담근 후 건져낸다.

③ 껍질을 벗긴다.

④ 토마토를 4등분하여 씨를 제거하고 물기가 빠지도록 한다.

⑤ 토마토를 0.5cm의 정사각형으로 썬다.

※ Salsa는 '소스'라는 의미로 'Dip'이라고도 하며, 스페인어인 살사(Salsa)에서 유래되었다.
– 실무 현장에서는 샬롯(Shallots)을 대체하여 양파를 많이 사용한다. 왜냐하면 샬롯은 유통상 구입하는 데 어려움이 있기 때문이다.

올리브 살사

Salsa alle Olive

Olive Dip
올리브 살사

Method

1 검정 올리브는 물기를 제거한 뒤, 거칠게 다지고, 샬롯은 잘게 다진다.
2 프라이팬에 올리브 오일을 두르고 다진 샬롯을 볶은 후, 다진 검정 올리브를 볶는다.
3 토마토 퓌레와 다진 로즈메리를 넣고 약불에 은근히 끓인다.
4 소금과 후추로 간을 하여 식혀서 완성한다.

Quantity Produced (400g)

Black Olives	200g
Shallots Chopped	1ea
Olive Oil	175ml
Tomato Puree	45g
Finely Chopped Fresh Rosemary	5g
Salt	
Ground White Pepper	

Check Point

이탈리아 등 유럽에서는 주로 샬롯(Shallots)을 사용하는데, 우리나라에서는 샬롯을 구입하는 데 유통상 어려움이 있기 때문에 양파를 사용하고 있다. 그러나 올리브 살사의 맛에 큰 차이는 없다.

파마산 치즈와 루콜라, 발사믹 식초를 곁들인 쇠고기 카르파초

Carpaccio di Manzo con Rucola, Parmiggiano e Aceto Balsamico

Thinly Sliced Beef with Arugula, Parmesan Cheese and Balsamic Reduction
파마산 치즈와 루콜라, 발사믹 식초를 곁들인 쇠고기 카르파초

Method

1 쇠고기 안심을 손질하여 적당한 크기로 보기 좋게 길게 랩으로 말아서 냉동시키고, 사용하기 전에 냉장고에서 자연스럽게 해동하여 사용한다.
2 양상추를 가늘고 잘게 썰어 찬물에 넣어 싱싱하게 한 후 건져서 물기를 뺀다.
3 접시 중앙에 양상추를 깔고, 쇠고기 안심을 슬라이스 기계에 얇게 썰어 올려 놓는다.
4 파르메산 치즈를 얇게 밀어서 얹고 소금, 후추로 간을 한다.
5 루콜라 잎을 보기 좋게 가운데 놓고, 레몬즙과 올리브 오일을 약간 뿌려준다.
6 발사믹 조린 것을 뿌려 완성한다.

Quantity Produced (4portions)

Beef Tenderloin	320g
Arugula Leaves	100g
Parmesan Cheese Block	100g
Pepper Mill	1g
Salt	1g
Virgin Olive Oil	70ml
Lemon Juice	40ml
Balsamic Reduction	60ml
Soft Lettuce	80g

Check Point

Balsamic Reduction(조린 발사믹)

발사믹 식초 500ml, 설탕 50g, 타임 10g, 마늘 10g

소스 냄비에 모든 재료를 넣고 끓으면 은근하게 조린다. 이때 양이 반으로 줄어들면 고운체에 걸러서 농도를 확인한 후에 사용한다. 또는 비싼 발사믹 식초는 1/3 정도 조린 후에 전분으로 농도를 조절하여 사용한다.

참치소스를 곁들인 송아지고기 요리

Vitello Tonnato

Veal in Tuna Sauce
참치소스를 곁들인 송아지고기 요리

Method

1 양파와 당근, 셀러리는 미르푸아(Mirepoix) 형태로 적당한 크기로 썰어 놓고, 송아지고기는 지방과 힘줄을 제거하여 손질해 놓는다.

2 흐르는 물에 송아지고기를 씻어서 물기를 제거하여 믹싱볼에 미르푸아, 향신료인 월계수 잎, 정향, 검정 통후추, 화이트 와인과 식초를 넣고 24시간 정도 마리네이드(Marinade)한다. 이때 2회 정도 송아지고기를 뒤집어주면 좋다.

3 냄비에 절여 놓은 송아지고기와 미르푸아, 향신료, 화이트 와인과 식초 등 모든 내용물을 넣고, 소금을 약간 넣어 고기가 잠길 정도로 찬물을 붓고 1시간 정도 끓인다. 이때 고기의 분량에 따라 끓이는 시간은 다를 수 있다. 끓으면 불로 조절하여 95℃ 온도의 시머링(simmering) 상태로 은근히 더 끓인 후 고기가 부드럽게 완전히 익으면 꺼내서 식힌다.

4 캔에 들어 있는 참치와 앤초비, 케이퍼, 달걀 노른자, 레몬즙, 올리브 오일을 용기에 넣고 믹서기나 핸드 블렌더로 곱게 갈아서 참치소스를 만든다. 이때 참치 오일과 앤초비 오일은 사용하지 않으며, 소스의 농도는 고기를 삶은 육수로 조절한다.

5 삶은 송아지고기를 얇게 썰어서 접시 중앙에 보기 좋게 놓고, 그 위에 참치소스를 뿌리고, 양상추로 장식하여 완성한다.

Quantity Produced (4portions)

Veal Loin	600g
Dry White Wine	750ml
White Wine Vinegar	30ml
Onion	1ea
Carrot	1ea
Celery Stick	1pc
Bay Leaf	1pc
Cloves	2ea
Black Peppercorns	5ea
Canned Tuna in Oil	150g
Anchovy Fillets in Oil	3pc
Caper	30g
Egg Yolks	2ea
Lemon Juice	30ml
Olive Oil	60ml
Salt	
Ground Pepper	

Garnish

Multi Lettuce	80g

Check Point

• Vitello Tonnato 요리는 우리나라의 수육 음식과 유사한 요리라고 할까요? 송아지고기에 채소와 향신료를 넣고 푹 삶아서 식힌 후 적당한 두께로 썰어서 참치소스를 곁들여 먹는 요리이다.

• 사용되는 고기는 지방함량이 낮고, 힘줄이 없는 부위가 적당하다. 주로 등심(Loin), 우둔(Round), 사태(Shank) 부위를 가장 많이 사용한다. 특히 고기를 삶을 때 실로 묶으면 고기의 형태가 유지되어 칼로 고기를 얇게 자르는 데 좋다.

그린 올리브와 향신료를 넣은 해산물 샐러드

Insalata di Pesce alla Palermitana

Sea Food Salad with Green Olives, Oregano and Virgin Olive Oil
그린 올리브와 향신료를 넣은 해산물 샐러드

Method

1 그린 샐러드는 흐르는 물에 깨끗이 씻어 건져서 물기를 제거해 놓는다.
2 해산물은 손질하여 준비해 놓는다.
3 냄비에 물을 붓고 미르푸아인 당근, 셀러리, 마늘, 양파, 레몬, 월계수 잎, 통후추 등을 넣고 간하여 끓여서 해산물을 삶는다.
4 해산물을 삶아서 식힌 다음 껍질은 가니쉬로 한 개씩 준비해 놓는다.
5 새우와 가리비, 오징어, 조개 등의 해산물에 레몬, 그린 올리브, 올리브 오일, 오레가노, 파슬리 다진 것, 레드와인 식초, 발사믹 식초 등을 넣고 버무린다.
6 접시 중앙에 버무린 해산물을 보기 좋게 놓고, 샐러드, 레몬 웨지, 토마토 등으로 가니쉬하여 완성한다.

Quantity Produced (4portions)

Shrimps	280g
Sea Scallops	320g
Squid	160g
Clams & Mussel	160g
Carrot	50g
Onion	50g
Celery	50g
Garlic	10g
Bay Leaf	2g
Salt & Pepper Mill	10g
Green Olives	100g
Lemon Juice	100ml
Parsley Chopped	5g
Dry Oregano	2g

Garnish

Assorted Lettuce	120g
Cherry Tomato	100g
Lemon	150g
Onion Rings	60g
Virgin Olive Oil	60ml
Red Wine Vinegar	30ml
Balsamic Reduction	60ml

Check Point

오징어와 조개 손질법

오징어는 배를 가르지 않은 상태에서 내장을 빼내고 소금으로 문질러가며 껍질을 벗긴다. 썰었을 때 굵기는 8mm 정도가 적당하다. 조개는 소금물에 하룻밤 담가 해감시킨 다음, 입이 벌어진 것은 골라 버리고 나머지는 깨끗한 물로 갈아두었다가 쓴다. 조개는 껍질째 넣는데, 냄비 뚜껑을 닫고 2~3분 끓여 입이 열리면 익은 것이다. 새우나 홍합, 패주도 싱싱한 생물이 좋지만 간편하게 언제든지 해먹으려면 냉동된 것을 구입해 사용한다.

그릴에 구운 채소에 얹은 그라탱한 모차렐라 치즈

Verdure Grigliate alla Parmiggiana

Layers of Grilled Vegetables with Buffalo Mozzarella, Gratinated
그릴에 구운 채소에 얹은 그라탱한 모차렐라 치즈

Method

1 가지와 호박을 적당한 두께로 어슷썰기해서 버섯과 함께 그릴에 굽는다.

2 피망을 통째로 집게로 집어 가스불에 표면이 타도록 돌려가며 구운 다음 작은 칼을 이용하여 껍질을 벗겨서 적당한 크기로 썬다.

3 아스파라거스는 껍질을 벗겨서 끓는 물에 삶아 찬물에 식혀 물기를 제거해 놓는다.

4 버펄로 모차렐라 치즈를 얇게 썰어서 타임 잎을 얹고, 토마토 소스를 뿌린 뒤 파마산 치즈 덩어리를 슬라이스 기계나 망돌린으로 얇게 썰어서 얹고 오븐이나 샐러맨더에 그라탱하여 굽는다.

5 접시에 여러 종류의 상추잎을 모양 있게 깔고 그 위에 그릴에 구운 채소와 아스파라거스를 놓는다.

6 그 위에 그라탱하여 구운 모차렐라 치즈를 놓고 토마토 소스와 조린 발사믹을 보기 좋게 뿌린 뒤 바질 잎으로 장식하여 완성한다.

Quantity Produced (4portions)

Red · Yellow · Green Capsicum	180g
Eggplant	140g
Zucchini	140g
Agalic Mushrooms	200g
Green Asparagus	200g
Tomato Sauce	200ml
Buffalo Mozzarella	350g
Parmesan Cheese	40g
Thyme Leaves	10g
Basil Leaves Julienne	20g

Garnish

Cherry Tomato	8ea
Assorted Lettuce Leaves	100g
Tomato Sauce	80ml
Balsamic Reduction	80ml
Basil Leaves	4pc

샌 다니엘 프로슈토 햄을 얹은 달콤한 멜론

Prosciutto e Melone di S. Daniele

S. Daniele Prosciutto with Sweet Melon
샌 다니엘 프로슈토 햄을 얹은 달콤한 멜론

Method

1 멜론을 반으로 자른 다음 숟가락으로 씨를 제거한다.
2 각각 길이로 8조각씩 웨지 모양으로 자른 후, 세울 수 있도록 밑바닥을 자르고 껍질 사이로 칼집을 넣어 자른다.
3 프로슈토(Prosciutto)는 슬라이스 기계로 얇게 썰고, 토마토는 8등분하여 웨지로 만든다.
4 여러 가지 샐러드는 부케 모양으로 예쁘게 만들어 놓는다.
5 접시에 멜론을 놓고, 얇게 썬 프로슈토(Prosciutto)를 보기 좋게 올려놓고, 토마토 웨지와 올리브, 샐러드를 놓아 완성한다. 이때 샬롯 드레싱을 함께 제공한다.

Quantity Produced (1portion)

Prosciutto	30g
Sweet Melon	300g
Assorted Lettuce Leaves	50g
Tomato Wedge	1ea
Black Olive	2ea
Green Olive	1ea
Shallot Dressing	50ml
Balsamic Reduction	10ml

프로슈토 햄으로 감싼 농어구이와 발사믹 소스

Brazino in Pacchetto con Misticanza di Stagione

Sea Bass Wrap Prosciutto, Cook with Broccoli and Pine Seeds, Served with Seasonal Lettuce
프로슈토 햄으로 감싼 농어구이와 발사믹 소스

Method

1 농어는 손질하여 1인분에 80g으로 잘라서 오일을 바른 뒤 소금과 후추로 간하여 프로슈토 햄을 얇게 썰어 농어를 싸서 말아 놓는다.
2 잣은 팬에 구워 놓고, 브로콜리는 로즈로 다듬어 삶아서 팬에 간을 해서 준비해 놓는다.
3 레몬은 8등분하여 웨지(Wedge)로 썰어서 손질해 놓는다.
4 방울토마토는 토마토의 밑을 보기 좋게 자르고, 4등분해 놓는다.
5 샐러드는 부케 모양으로 예쁘게 만들어 놓는다.
6 농어에 밀가루를 묻혀서 뜨거운 팬에 오일을 두르고 굽는다.
7 농어가 다 익으면 농어를 꺼낸 뒤 구운 팬에 다진 마늘과 양파, 타임을 넣고 볶은 후 화이트 와인을 부어 조린다.

Quantity Produced (4portions)

Sea Bass	320g
Prosciutto	80g
Salt & Pepper Mill	30g
Onion Chopped	10g
Garlic Chopped	10g
Pine Seeds	30g
Broccoli	120g
White Wine	50ml
Thyme Leaves	3g
White Flour	20g
Olive Oil	50ml

Garnish

Assorted Lettuce	200g
Cherry Tomato	80g
Lemon Dressing	100ml
Parsley	10g
Lemon Sliced	50g
Balsamic Reduction	60ml

Italian Cuisine

6

Insalata
Salad
샐러드

제6장

Insalata(Salad)

샐러드

인살라타(Insalata)는 샐러드를 말하는데, 소금을 첨가한다는 뜻이다. 안티파스티와 마찬가지로 신선한 채소나 해산물을 주로 사용한다. 신선한 생채소에 여러 종류의 드레싱을 곁들여 샐러드를 제공한다.

양배추와 브로콜리는 가을과 겨울에, 아스파라거스와 그린빈스는 봄철에, 감자는 여름철에 많이 사용한다. 또한 이탈리아인들은 토마토·피망·상추류·오이 등의 청채류는 신선한 그대로의 날것으로 사용하기를 좋아한다.

채소 이외의 다른 재료와 함께 만드는 샐러드로는 쌀, 닭, 어패류 등이 있으며, 그 외에 육류나 생선, 과일류도 샐러드에 함께 제공하면 좋다. 즉 이탈리안 샐러드는 청엽채(Green Salad)와 혼합채(Mixed Salad)로 나눌 수 있으며, 당근과 감자, 비트, 파 등 익힌 샐러드를 차게 해서 만들기도 한다.

이탈리안 드레싱의 가장 중요한 요소는 소금과 올리브 오일 그리고 식초다. 소금으로 간을 잘 조절해야 하며, 올리브 오일은 최고 품질의 엑스트라 버진 올리브 오일(Extra Virgin Olive Oil)이 가장 좋다. 식초로는 레몬주스, 발사믹 식초, 사과식초, 포도식초 등이 사용된다. 아무리 훌륭한 재료를 사용한다 해도 배합비가 적절치 못하면 맛있는 드레싱을 만들 수 없다. 오일과 식초가 2대 1인 서양인의 드레싱에 비하여 한국인은 덜 시게 먹으므로 식초의 사용량은 3대 1 정도가 적절하다.

그리고 더욱 중요한 것은 만들어진 드레싱을 샐러드에 첨가하는 양이다. 이 첨가량을 적절히 조절하지 못하면 맛있는 샐러드를 먹을 수 없다. 일반적으로 양념이 전혀 되지 않은 엽채류 60g의 신선한 샐러드에 25~30ml 정도의 드레싱을 곁들이면 이상적이다.

식초 대용으로 레몬주스가 첨가되는 드레싱은 스위스 근대(Swiss Chard)나 삶은 당근 샐러드 또는 토마토나 오이에 적합하다. 마늘이 첨가되는 드레싱은 양배추나 토마토 샐러드와 잘 어울린다. 모데나(Modena)가 원조인 발사믹(발사미코, Blasamico) 식초는 6년 이상 발효시킨 포도식초로 단맛이 나기 때문에 다른 와인식초보다 드레싱에 덜 사용한다.

신선한 모둠 계절 샐러드

Insalata Mista di Stagione

Assorted Seasonal Mixed Lettuce
신선한 모둠 계절 샐러드

Method

1 양상추와 로메인상추, 레드샐러드볼, 레드치커리 등을 흐르는 물에 깨끗하게 씻고 물기를 제거하여 준비해 놓는다.
2 양송이버섯은 물에 씻지 말고, 껍질을 벗겨서 적당한 두께로 슬라이스한다.
3 토마토는 밑부분의 꼭지를 제거하고, 반으로 잘라서 6등분하여 모양 있게 웨지(Wedge)로 만든다.
4 오이는 필러를 이용해서 부분적으로 껍질을 제거하고, 피망은 링 모양으로 슬라이스한다.
5 샐러드볼 접시 중앙에 양상추를 먼저 깔고 그 위에 여러 가지 샐러드를 이용해서 부케 모양으로 보기 좋게 놓는다.
6 토마토, 양송이버섯, 오이, 피망 등 모든 재료가 색상의 조화를 이루도록 돌려 담는다.
7 레드 와인식초 드레싱을 보기 좋게 뿌려서 완성한다.

Dressing

① 믹싱 볼에 곱게 다진 양파와 올리브 오일, 레드 와인식초를 넣고 혼합한다.

Quantity Produced (4portions)

Assorted Lettuce	450g
Champignon Mushrooms	80g
Tomato	160g
Green · Black Calamata Olives	80g
Cucumber	60g
Balsamic Reduction	60g

Dressing

Virgin Olive Oil	80ml
Red Wine Vinegar	50ml
Onion Chopped	40g

모차렐라 치즈와 토마토 샐러드

Insalata Caprese con Inslatina di Stagione e Rucola

Tomato and Buffalo Mozzarella Served with Seasonal Salad and Arugula
모차렐라 치즈와 토마토 샐러드

Method

1 양상추와 그린 · 레드 치커리, 레드샐러드볼을 흐르는 물에 깨끗하게 씻고 물기를 제거하여 준비해 놓는다.
2 토마토 윗부분에 열십자로 칼집을 낸 후, 끓는 물에 살짝 데쳐서 찬물이나 얼음물에 담가 식힌 후 껍질을 벗기고 동그랗게 썬다.
3 프레시 모차렐라 치즈는 얇게 썰어 놓는다.
4 접시에 올리브 오일을 약간 뿌리고 토마토를 모양 있게 썰어 놓는다.
5 토마토 사이사이에 모차렐라 치즈를 끼워 넣고 샐러드를 부케 모양으로 예쁘게 장식한다.
6 페스토 소스와 발사믹 소스를 뿌려서 완성한다.

Quantity Produced (4portions)

Buffalo Mozzarella	500g
Tomato	400g
Assorted Lettuce	80g
Arugula Lettuce	60g
Salt and Pepper Mill	2g
Pesto Sauce	100ml
Balsamic Reduction	100ml
Shallot Dressing	200ml

시저 샐러드

Insalata di Caesar

Caesar Salad
시저 샐러드

Method

1 로메인상추를 시저 드레싱에 무쳐서 실파로 묶어 접시에 가지런히 담는다.
2 위에 파마산 치즈를 얇게 슬라이스하여 원뿔 모양으로 말아 놓고 크루통을 뿌려 완성한다.

Caesar Dressing

① 달걀 노른자에 올리브 오일을 넣으면서 잘 젓는다.
② 양파, 마늘 다진 것, 겨자, 앤초비, 핫소스, 레몬즙, 와인식초를 넣고 잘 섞는다.
③ 파마산 치즈를 넣고 잘 혼합한다.
④ 소금과 후추로 간을 한다.

Quantity Produced (4portions)

Romane Lettuce	80g
Chive Long	1pc
Parmigiano	5g
Crouton	2g
Caesar Dressing	40ml

Caesar Dressing

Egg Yolk	1ea
Olive Oil	40ml
Onion Chopped	5g
Red Wine Vinegar	10ml
Garlic Chopped	5g
Anchovy Chopped	2g
Mustard	15ml
Parmesan Cheese	10g
Hot Sauce	2ml
Lemon Juice	2ml
Salt & Pepper Mill	some

Check Point

• Dressing이 맛을 좌우하므로 Dressing을 잘 만들어야 한다.
• Salad 중에서 최고로 알아준다.
• 고급 레스토랑에서는 손님 앞에서 직접 만들어 서브하는 경우도 있다.

파마산 치즈를 곁들인 시금치 샐러드

Insalata di Spinaci con Parmiggiano

Spinach Salad with Parmesan Shaving Served with Warm Bacon Dressing
파마산 치즈를 곁들인 시금치 샐러드

Method

1 시금치는 연한 잎부분만 사용할 것이므로, 줄기를 제외하고 잎만 다듬는다.
2 시금치와 라디치오, 로메인상추는 깨끗이 씻어서 물기가 빠지게 놓는다.
3 양송이버섯은 껍질을 벗겨 슬라이스해 놓고, 파마산 치즈 덩어리는 망돌린으로 얇게 밀어서 썰어 놓는다.
4 토마토는 웨지형태로 썰어 놓는다.
5 접시에 라디치오를 깔고, 그 위에 로메인상추와 시금치의 순으로 모양 있게 올려 놓는다.
6 샐러드 위에 토마토와 양송이버섯, 파마산 치즈를 보기 좋게 장식하여 완성한다.
7 베이컨 드레싱과 함께 제공한다.

Dressing

① 베이컨을 1cm 정도의 크기로 네모나게 썰어서 팬에 오일을 두르고 볶는다.
② 모든 재료를 혼합하여 베이컨을 넣고 간하여 베이컨 드레싱을 만든다.
③ 드레싱 용기에 따뜻하게 제공한다.
④ 시금치 샐러드의 주문이 많을 경우에는 베이컨 드레싱을 만들어 놓고, 서빙할 때 팬에 미지근하게 데워서 서빙한다.

Quantity Produced (4portions)

Spinach Leaves	240g
Radicchio	80g
Romaine Lettuce	120g
Tomato	200g
Champignon Mushrooms	100g
Parmesan Cheese Block	200g

Dressing

Bacon	300g
Olive Oil	160ml
Balsamic Vinegar	50ml
Red Wine Vinegar	50ml
Salt and Pepper Mill	3g

Italian Cuisine

7

CHAPTER

Zuppa
Soup
수프

제7장

Zuppa(Soup)

수프

이탈리아 수프(Zuppa)의 맛을 결정짓는 두 가지 요인은 계절적 요인과 지역적 요인이다. 또한 이탈리아에서는 수프가 하나의 식사로 제공되기도 한다.

진정한 의미의 수프라기보다는 생선코스에 더욱 가깝다고 할 수 있는 생선이나 해산물 수프를 제외하고, 수프에 사용하는 채소와 허브 등 대부분의 식재료는 계절과 지역에 따라 생산 종류는 물론이며 향취가 달라지기 때문이다. 또한 같은 식재료를 사용한다 해도 지역에 따라 수프 만드는 스타일이 확연히 다르다. 채소수프를 보더라도 지역마다 차이가 나는 것을 쉽게 알 수 있다.

남부지역에서는 토마토, 마늘, 올리브 오일, 파스타를 많이 넣으며, 토스카나의 교외지역에서는 빈스(Beans)와 빵을 넣어 진하게 만들며, 북부 지역은 쌀을 넣고 향을 즐기는 양상추와 신선한 허브를 넣는다.

같은 수프라 해도 진하게 하거나 묽게 만들고, 내용물을 잘게 부수거나 거칠게 자르는 정도 등 미미한 차이를 느끼는 경우도 있다. 콩류나 감자를 이용하는 수프는 곱게 갈아 만드는 경우도 있는데, 사실 크림수프와 프로세서에 곱게 간 수프가 전통 이탈리아 요리에는 없었다는 사실을 알아야 할 것이다.

Crema di Broccolo

Cream of Broccoli Soup
브로콜리 크림수프

Method

1 브로콜리는 로즈 모양으로 떼어서 반 정도로 썰어 놓고, 줄기는 깨끗이 씻어 껍질을 벗겨서 적당한 크기로 썰어 놓는다.
2 팬에 버터를 두르고 대파, 감자, 브로콜리 줄기 순으로 볶는다.
3 닭육수와 우유를 붓고 소금과 후추로 간하여 끓인다.
4 채소가 다 익었으면 생크림을 넣고 더 끓여서 믹서기에 곱게 갈아준다.
5 수프 접시에 붓고 크루통으로 가니쉬하여 완성한다.

Garnish

① 식빵 한 장을 가로, 세로 1cm 크기의 정사각형으로 썰어 놓는다.
② 버터를 녹여 정제버터를 만든 후 썰어 놓은 식빵에 골고루 뿌려서 샐러맨더에 갈색이 나게 굽는다.

Quantity Produced (4portions)

Broccoli Cleaned	200g
Onion Peeled	50g
Leek Large	50g
Potato	50g
Fresh Cream	60g
Butter	40g
Flour	40g
Fresh Milk	60ml
Chicken Stock	800ml
Crouton	20g

Garnish

Crouton	20g

Crema di Funghi

Cream of Mushroom Soup
버섯 크림수프

Method

1 양송이버섯과 표고버섯은 흐르는 물에 깨끗이 씻어 슬라이스 하고, 양파와 감자는 얇게 썬다.
2 뜨거운 팬에 버터를 두르고 양파, 감자, 버섯을 볶는다.
3 화이트 와인을 넣고 조린 후, 닭육수를 붓고 은근히 끓인다.
4 우유와 생크림을 넣고 간한 후에 끓으면 믹서기에 곱게 간다. 이때 수프의 농도에 주의한다.
5 수프 접시에 담아서 가니쉬하여 완성한다.

Quantity Produced (4portions)

Mushroom Champignon	120g
Black Mushroom	30g
Onion Peeled	50g
Potato	40g
Leek Large	40g
Milk	50ml
Fresh Cream	60ml
Butter	45g
Flour	20g
White Wine	15ml
Chicken Stock	700ml

Zuppa di Pomodoro

Tomato Soup
토마토 수프

Method

1 토마토는 칼끝으로 꼭지를 도려내고, 끓는 물에 데쳐서 껍질을 벗긴 후 반으로 잘라 손으로 눌러서 토마토 씨를 제거해서 준비한다.
2 셀러리는 줄기의 껍질을 필러로 벗겨 놓는다.
3 양파와 마늘, 셀러리는 얇게 썰어 놓는다.
4 수프용 팬에 올리브 오일을 두르고, 양파와 마늘을 넣고 볶은 후 셀러리를 넣고 더 볶아준다.
5 토마토를 넣고 더 볶은 후 닭육수를 붓고 끓여준다.
6 채소가 충분히 익었으면, 소금, 후추로 간을 하여 생크림을 넣고 한번 더 끓여준다.
7 믹서기에 곱게 갈아 체에 거른다. 일반적으로 셰프의 수프 만드는 스타일에 따라서 핸드 믹서기에 곱게 갈아 체에 거르지 않고 사용해도 무방하다.
8 수프용 접시에 토마토 수프를 담아서 거칠게 다진 바질 잎이나 파슬리로 장식하여 완성한다.

Quantity Produced (1L)

Fresh Tomato	1kg
Onion	1ea
Garlic Cloves	4pc
Olive Oil	60ml
Celery Stick	1pc
Chicken Stock	750ml
Fresh Cream	120ml
Salt	
Ground White Pepper	

Garnish

Fresh Basil Leaf or Parsley Leaf

아스파라거스 크림수프

Crema di Asparagi alla Milanese

Cream of Asparagus Soup
아스파라거스 크림수프

Method

1 아스파라거스의 껍질을 필러로 제거한 후 적당한 크기로 썰어 놓는다. 아스파라거스가 냉동일 경우 실온에서 약간 해동시킨 후에 손으로 껍질을 벗기면 잘 벗겨진다.
2 양파와 대파, 감자는 슬라이스해 놓는다.
3 팬에 올리브 오일을 두르고 양파와 대파, 감자 순으로 색깔이 나지 않게 잘 볶은 후, 아스파라거스를 넣고 볶는다.
4 닭육수를 넣고 끓이다가 채소가 다 익었으면 생크림을 넣고 더 끓인다.
5 소금과 후추로 간하여 믹서기에 곱게 간다. 이때 곱게 간 수프는 고운체에 거르지 않아도 된다.
6 수프 접시에 아스파라거스 수프를 붓고 작게 썬 아스파라거스나 크루통으로 장식하여 완성한다.

Garnish

① 식빵 한 장을 가로, 세로 1cm 크기의 정사각형으로 썰어 놓는다.
② 버터를 녹여 정제버터를 만든 후 썰어 놓은 식빵에 골고루 뿌려서 샐러맨더에 갈색이 나게 굽는다.

Quantity Produced (4portions)

Asparagus Frozen(or Fresh)	200g
Onion Peeled	40g
Leek Large	40g
Potato	60g
Olive Oil	40ml
Cream Fresh	100ml
Chicken Stock	1ℓ
Salt	2g
White Pepper Whole Ground	1g
Asparagus Tip(or Crouton)	20g

Garnish

Crouton	20g

새우를 곁들인 렌즈콩 크림수프

Crema di Lenticchie con Gamberi

Cream of Lentils Soup with Shrimp
새우를 곁들인 렌즈콩 크림수프

Method

1 용기에 마른 렌즈콩을 담아 찬물을 붓고 하루 정도 불린 후 깨끗하게 씻은 다음 체에 건져 물기를 완전히 빼놓는다.
2 양파와 당근, 대파는 적당한 크기로 가늘게 썰어 놓고, 베이컨도 잘게 썰어 놓는다.
3 수프용 냄비에 버터를 두르고, 준비해 놓은 베이컨, 마늘, 당근, 양파, 대파를 넣고 볶아준다.
4 채소가 타지 않게 잘 저으면서 렌즈콩을 넣고 볶는다.
5 닭육수를 붓고 끓여서 채소가 다 익었으면 생크림을 넣고 은근히 더 끓여준다.
6 핸드 믹서기로 곱게 갈아 소금과 후추로 간을 한다.
7 수프용 접시에 담아서 볶아 놓은 새우와 처빌로 가니쉬하여 완성한다.

Garnish

① 새우는 내장과 껍질이 제거된 것을 사용하며 가로, 세로 1cm 크기로 썰어 놓는다.
② 뜨거운 팬에 새우를 소금과 후추로 간하여 볶는다.

Quantity Produced (4portions)

Lentils	70g
Onion Peeled	40g
Carrot Peeled	40g
Bacon	10g
White Leek Large	40g
Garlic Clove	1ea
Butter	20ml
Fresh Cream	40ml
Chicken Stock	0.8ℓ
Salt	2g
White Pepper Whole Ground	1g

Garnish

Shrimp	20g
Chervil Leaves	4pc

Minestrone di Verdure Fresche

Soup of Fresh Vegetables
채소수프

Method

1 양파와 당근은 다이스(Dice) 크기인 1cm 정도로 네모나게 썰고, 콩은 삶아 놓는다.

2 셀러리, 감자, 호박, 토마토는 다이스(Dice) 크기인 1cm 정도의 정육면체로 네모나게 썬다. 최근에는 방울토마토를 많이 사용하는 추세이다.

3 마늘은 슬라이스(Slice)하고, 시금치와 바질 잎은 가늘게 채 썰어 놓는다.

4 수프용 냄비에 올리브 오일을 두르고 양파와 마늘, 당근, 셀러리, 감자, 호박을 넣고 볶아준다. 콩과 토마토를 넣는다.

5 닭육수를 붓고 강불에 끓이다가 삶아 놓은 콩과 토마토를 넣고, 소금과 후추로 간을 하여 중불에 은근히 더 끓여준다.

6 거품을 건어내면서 간을 맞춘 후 썰어 놓은 시금치와 바질 잎을 넣고 완성한다.

7 치아바타 빵(Ciabatta)에 페스토 소스를 바르고 파마산 치즈를 뿌려서 샐러맨더에 갈색으로 구워 수프와 함께 제공한다.

Quantity Produced (4portions)

Olive Oil	20ml
Onion	40g
Carrot	40g
Celery	40g
Zucchini	40g
Potatoes	60g
Garlic Sliced	10g
Spinach	10g
Basil Julienne	1g
Green Peas	15g
Red Kidney Beans Boilled	15g
Tomato	40g
Salt and Pepper Mill	2g
Chicken Stock	1ℓ

Garnish

Ciabatta Slice	1pc
Pesto Sauce	40g
Parmesan Cheese	6g

Check Point

· 국물과 건더기의 비율을 3 : 1로 한다.
· 이탈리아의 대표적인 밀라노식 수프이며, 지역에 따라 조리방법에 약간의 차이가 있을 수 있다.
· 미네스트로네(Minestrone)란 채소를 넣어 만든 이탈리아의 대표적인 수프를 말한다.

Zuppa di Pesca alla Mediterranea

Mediterranean Style Fresh Seafood Soup
지중해식 해산물 수프

Method

1 여러 가지 생선과 홍합을 손질하여 준비하고, 홍합을 깨끗이 씻어 손질한 뒤, 육수를 낸다.
2 양파와 마늘은 잘게 다져 놓고, 토마토는 껍질을 벗겨서 콩카세해 놓는다.
3 당근과 호박, 무는 껍질을 벗겨서 바토네(Batonnet) 모양으로 잘라서 끓는 물에 넣어 데쳐 놓는다.
4 뜨거운 냄비에 올리브 오일을 두르고, 다진 양파와 마늘, 고춧가루 순으로 넣고 타지 않게 볶는다.
5 화이트 와인을 넣고 조린다.
6 여러 가지 생선과 홍합을 냄비에 넣은 뒤, 홍합 국물을 붓고 은근히 끓인다.
7 채소와 홍고추 썬 것, 홍합, 새우, 토마토 콩카세, 바질을 넣고 끓인 후 간을 한다.
8 수프 접시에 해산물과 채소를 보기 좋게 놓고, 수프의 국물을 담아서 완성한다.

Quantity Produced (4portions)

Fresh Mussel in Shell	12pc
Shrimp	8pc
Fresh Salmon	60g
Sea Bream	80g
White Wine	40ml
Tomato Sauce	120ml
Tomato	1/2ea
Mussel Stock	1ℓ
Carrot Batonnet	40g
Zucchini Batonnet	40g
Turnip Batonnet	40g
Onion Chopped	20g
Garlic Chopped	20g
Chilli Powder	5g
Red Chilli	1/2ea
Olive Oil	30ml
Basil Leaf	1pc

사프란향의 맑은 생선수프

Brodetto di Pesce Piccante con Zafferano

Spicy Clear Fish Soup Flavoured with Saffron
사프란향의 맑은 생선수프

Method

1 해산물은 깨끗하게 손질하여 준비한다. 조개는 여러 번 깨끗하게 씻어서 염분이 있는 찬물에 담가 모래가 다 빠지게 한다.
2 소도미와 농어는 2cm 정도로 자르고, 오징어는 링으로 썰어 놓는다.
3 토마토는 콩카세하고, 홍고추는 잘게 썬다.
4 뜨거운 팬에 오일을 두르고 양파와 마늘을 넣고 볶아준다.
5 준비된 해산물을 넣고 색깔이 나지 않게 볶은 후 화이트 와인을 넣고 비린내를 제거해 준다.
6 냄비에 사프란 육수를 끓여서 소도미, 농어, 오징어, 새우, 조개, 홍고추, 월계수 잎 등을 넣고 끓인다.
7 생선이 다 익으면 토마토를 넣고 한 번 더 끓여서 맛이 우러나오게 한다.
8 수프 접시에 익은 생선과 사프란 스톡을 붓고 볶은 마늘을 얹고 다진 타임을 뿌려 완성한다.

Bruschetta

① 빵을 어슷썰기하여 올리브 오일을 바른다.
② 마늘을 슬라이스하여 팬에 갈색이 나게 볶아서 빵 위에 얹고 다진 타임을 뿌린다.

Saffron Fish Stock : 1ℓ

생선스톡에 화이트 와인과 사프란을 넣고 간하여 끓인다.

Quantity Produced (4portions)

Red Snapper Cube	100g
Sea Bass Cube	100g
Squid Rings	80g
Shrimps	120g
Clams Big with Shell	320g
Olive Oil	50ml
White Wine	80ml
Onion Sliced	100g
Garlic Chopped	10g
Chilli	1g
Bay Leaves	1pc
Tomato Sliced	100g

Bruschetta

Ciabatta Bread	60g
Thyme	2g
Garlic Slice	30g
Olive Oil	15ml

Saffron Fish Stock : 1ℓ

Fish Stock	1 ℓ
Salt and Pepper Mill	5g
Parsley Chopped	2g
Dill	2g
White Wine	20ml
Saffron	2g

Italian Cuisine

8

CHAPTER

Pizza

피자

제8장

Pizza

피자

피자는 이탈리아 파이의 한 종류로 이스트로 부풀린 밀가루 반죽을 넓고 둥글게 깔고 그 위에 토마토 소스를 바르고 여러 가지 재료를 올려 오븐에서 구워낸 음식을 말한다.

피자는 원래 이탈리아 남부 나폴리 지방의 음식으로 1830년에 이탈리아 전 지역으로 퍼지게 되었는데, 19세기 후반 이탈리아의 생활이 어려워지자 미국으로 이민 갔던 사람들의 일부가 피자를 만들어 팔기 시작했다고 하며, 현재는 전 세계적으로 가장 유명한 음식이 되었다.

피자 도우(Dough)는 중력분(Plain Flour)을 이용하는데, 도우 위에 얹는 토핑은 다양한 재료를 사용할 수 있다. 도우의 두께는 매우 중요하여 너무 얇게 만들면 도우가 딱딱하여 깨지기 쉽고 너무 두꺼우면 맛이 없기 때문에 0.5~1cm 정도의 두께가 적당하다. 또한 도우는 가장자리를 약간 두껍게 하여 굽는 동안 내용물이 밖으로 흘러내리지 않게 한다. 구울 때는 먼저 오븐이 충분히 가열되어야 하며, 표면의 모차렐라 치즈가 갈색으로 보기 좋게 구워지면 된다. 피자 도우를 만드는 레시피에는 여러 종류가 있는데, 어떤 레시피가 가장 좋다고 단정지을 수는 없다.

▶ 반죽을 부드럽게 하려면?

밀가루, 베이킹파우더, 달걀, 올리브 오일, 파마산 치즈가루를 물과 혼합한 빵 반죽은 밀기 전에 비닐에 싸서 냉장고에 30분 이상 보관해 두면 말랑말랑해진다. 미리 반죽을 해서 냉장고에 넣어두었다가 필요할 때마다 사용하면 시간도 절약되고 밀기도 한결 수월하다.

▶ 말린 토마토를 오랫동안 보관하는 방법은?

찬물에 6시간 이상 넣어 불렸다가 손으로 꼭 짠 다음, 키친타월로 싸서 물기를 제거한 후 올리브 오일에 넣어 밀봉하면 된다. 이렇게 올리브 오일에 절인 토마토를 냉장고에 두면 오일 색깔이 뿌옇게 보이는데 걱정할 필요는 없다. 실온에 내놓으면 빛깔이 다시 맑아진다.

▶ 엑스트라 버진 올리브 오일이란?

올리브 열매에서 처음으로 채취한 오일을 말한다. 여러 번 짜낸 올리브 오일보다 색과 맛이 진한 것이 특징이다. 일반적으로 샐러드에는 100% 엑스트라 버진(Extra Virgin) 올리브 오일을 쓴다.

▶ 버섯을 타지 않게 볶으려면?

팬에 올리브 오일을 두르고 버섯을 볶을 때 중간중간에 물을 한 숟가락씩 넣어주면 타지도 않고 먹음직스럽게 잘 익는다. 느타리, 표고, 양송이 버섯은 익는 시간이 각각 다르기 때문에 따로 볶아야 한다.

Pizza Dough 1
피자 도우 1

Method

1　밀가루를 고운체에 쳐서 소금과 올리브 오일을 넣고, 물에 이 스트를 갠 후 섞어서 반죽을 한다.
2　반죽기계에 넣고 밀가루 반죽을 천천히 돌려주면서 약간 빠르게 5분간 더 돌려준다.
3　반죽이 다 되면 꺼내서 2시간 정도 저온에 보관하여 휴지시켜 준다.
4　1인분 기준 175g으로 나누어 놓는다.
5　랩에 싸서 냉장고에 보관한다.

Quantity Produced　(1.5kg)

Hard Flour	1kg
Salt	20g
Yeast	40g
Olive Oil	20ml
Water	500ml

Pizza Dough 2
피자 도우 2

Method

1 믹싱기에 2종류의 밀가루와 오일 · 소금 · 달걀을 넣고 1단에
　서 5분가량 돌려준다.
2 나머지 재료를 잘 섞어서 1의 믹싱기에 넣어 함께 돌려준다.
3 2단으로 속도를 올려 6분가량 잘 섞이게 돌려준다.
4 반죽을 비닐 팩에 넣어 2시간가량 휴지시킨 다음 130g으로
　분할하여 준다.

Quantity Produced (10portions)

Flour Baked	700g
Flour Cake	300g
Olive Oil	15ml
Salt	15g
Egg Whole	50g
Yeast Fresh	25g
Sugar	8g
Water	360g
Milk	140g
Extra Virgin Olive Oil	30ml

Pizza Dough 3
피자 도우 3

Method

1 밀가루는 곱게 체로 친다.
2 미지근한 물에 버터 · 소금 · 설탕 · 이스트를 넣어 녹인다.
3 버터 녹인 물을 약간 남겨놓고, 올리브 오일과 함께 밀가루에 넣고 반죽한 다음 남은 물로 농도를 조절한다.
4 상온에서 젖은 천이나 비닐을 덮어서 발효시킨다.
5 부풀어 오른 반죽의 공기를 뺀 후 분량의 반죽을 둥글게 만들어 2차 발효시킨다.
6 반죽을 밀대로 밀어서 피자팬에 담은 후 다시 한 번 발효시킨 다음, 포크를 이용하여 구멍을 뚫는다.

Quantity Produced (1kg)

Flours	0.5kg
Warm Water	120ml
Water	200ml
Sugar	5g
Salts	10g
Olive Oil	40ml
Butter	20g
Fresh Yeast	20g

Pizza Dough 4
피자 도우 4

Method

1 이스트와 온수의 반을 잘 섞어 녹인 뒤 따뜻한 곳에 5분 정도 두면 거품이 생긴다.
2 밀가루 250g을 소금과 섞어 체로 거른다.
3 남은 찬물과 더운물, 올리브 오일을 이스트 물에 잘 섞고 2를 넣어 잘 섞는다. 나머지 밀가루 250g도 섞는다.
4 도우가 빡빡하게 잘 섞이면, 밀가루판에 놓고 8~10분간 손가락 뒷등으로 눌러준다.
5 마르지 않도록 표면에 올리브 오일을 바르고, 플라스틱이나 젖은 타월로 싸서 상온에서 1~2시간 발효시킨다.
6 도우를 손으로 눌러 공기를 빼내 탄력이 생기게 하고 적당한 크기로 자른다.
7 손으로 누르고 밀대로 밀어 넓게 편다.
8 팬에 오일을 바르고 도우를 놓고 스터핑한 다음 오븐에서 구워내면 피자가 된다.

Quantity Produced (6portions)

Fresh Yeast	10g
Cold Water	250ml
Warm Water	125ml
Salt	8g
Flour	500g
Extra Virgin Olive Oil	40ml

Check Point

손으로 만들기에 적합한 분량의 도우를 만들 때는 언제나 물과 밀가루를 조금 남겨두었다가 농도를 조절해야 한다.

피자소스 만드는 방법

피자소스(Pizza Sauce) 만드는 방법

Method

1 토마토 홀의 캔 뚜껑을 캔 오프너로 딴 후에 토마토 건더기를 건져서 토마토 밑부분의 꼭지나 껍질을 손으로 제거한다.
2 토마토를 핸드 믹서기로 너무 곱지 않게 갈아준다.
3 소스용 냄비에 간 토마토를 넣고 끓이다가 소금 · 후추와 설탕, 오레가노를 넣고 은근히 더 끓인다.
4 끓으면 얼음물이나 찬물에 완전히 식힌 후 냉장고에 보관하거나 냉동고에 저장하여 필요할 때마다 사용한다.

Quantity Produced   (1kg)

Whole Peeled Tomato	10kg
Salt	20g
Sugar	10g
Olive Oil	20g
Bay Leaves	2pc
Oregano	2g

Pizza 만드는 방법

Method

1 도우를 반죽 미는 기계에 밀가루를 충분히 묻혀서 넣은 후에 밀어진 도우가 나오면 다시 밀대로 직경 약 30cm의 둥근 모양으로 얇게 밀어서 도우를 만든다.
2 만들어진 피자 도우를 깐 후, 피자소스를 발라준다.
3 모차렐라 치즈를 뿌리고, 내용물을 얹은 후, 다시 모차렐라 치즈를 올려준다.
4 바닥이 타지 않도록 3분 정도 화덕이나 오븐에서 구워낸다.
5 이때 한쪽만 탈 수 있으므로 수시로 확인하여 방향을 회전시켜 준다.
6 구워진 피자는 올리브 오일을 살짝 뿌려 서빙한다.

Quantity Produced

피자 도우를 만들어서 원하는 분량인 120g, 130g, 150g, 165g, 175g 등으로 나누어 냉장고에 보관한다.

Check Point

모든 피자에 공통적인 평균 분량은 Pizza Dough 165g, Mozzarella Cheese 80g, Tomato Sauce 30g을 기준으로 사용하는 것이 일반적이다.

반달 모양의 피자 칼초네

Calzone

Folder Pizza with Mushrooms, Tomato, Cook Ham and Mozzarella
반달 모양의 피자 칼초네

Method

1 버섯은 슬라이스하여 팬에 오일을 두르고 볶아서 식혀 놓고, 햄은 적당한 크기로 썰어 놓는다.
2 피자 도우 175g을 분할하여 밀대를 이용하여 둥글고 얇게 밀어준다.
3 피자 도우의 반쪽에 토마토 소스를 바르고, 버섯과 햄, 모차렐라 치즈, 다진 오레가노 순으로 가지런히 얹어 토핑을 한다.
4 피자 도우 가장자리에 물을 살짝 바르고 반으로 접은 후, 포크로 모양을 내거나 손으로 모양 있게 잘 붙여준다.
5 250℃의 오븐에서 10분 정도 도우를 갈색이 나도록 노릇노릇하고 바삭바삭하게 익힌 다음 접시에 담아낸다.

Quantity Produced (4portions)

Pizza Dough	700g
Tomato Peeled	300g
Mozzarella Cheese	600g
Cook Ham	100g
Champignon Mushrooms	100g
Black Mushrooms	100g
Olive Oil	30ml
Salt	2g
Oregano	1g
Tomato Sauce	200ml

루콜라와 모차렐라 치즈, 프로슈토 햄을 넣은 피자

Pizza con Rucola, Mozzarella di Bufala e Prosciutto

Fresh Tomatoes, Buffalo Mozzarella, Arugula and Prosciutto
루콜라와 모차렐라 치즈, 프로슈토 햄을 넣은 피자

Method

1 분할한 피자 도우를 반죽 미는 기계나 밀대로 밀가루를 묻혀서 원하는 크기의 둥근 모양으로 얇게 밀어 만들어 놓는다.
2 피자팬에 버터를 약간 바르고, 도우를 패닝한다.
3 도우 위에 토마토 소스를 깔고 얇게 자른 토마토를 놓고, 모차렐라 치즈를 뿌린 후 250℃의 오븐에서 10분 정도 굽는다.
4 오븐에서 피자를 구울 때에는 한쪽만 타는 경우가 있으므로, 수시로 확인하여 피자의 굽는 방향을 회전시켜 준다.
5 구워진 피자는 루콜라와 얇게 썬 햄을 모양 있게 놓고 완성하여 제공한다.

Quantity Produced (4portions)

Pizza Dough	700g
Tomato Sauce	500ml
Fresh Tomato	300g
Mozzarella Cheese	300g
Buffalo Mozzarella	200g
Basil Julienne	8g
Arugula Leaves	200g
Prosciutto	220g

Check Point

• 이스트의 적정 활성온도는 27~28℃이며, 이스트 적정 발효시간은 여름에는 20분, 겨울에는 35분이 적당하다.
• 계절과 장소에 따라 질감이 다르므로 반드시 숙련자의 도움을 받는 것이 좋다.

해산물 피자

Pizza alla Marinara

Tomato Sauce, Mozzarella, Assorted Sea Food
해산물 피자

Method

1 분할한 피자 도우를 반죽 미는 기계나 밀대로 밀가루를 묻혀서 원하는 크기(보통 30cm)의 둥근 모양으로 얇게 밀어 만들어 놓는다.
2 피자팬에 버터를 약간 바르고, 도우를 패닝한다.
3 도우 위에 토마토 소스를 깐 뒤 양송이, 해산물을 볶아서 골고루 뿌려준다.
4 모차렐라 치즈를 뿌려서 250℃의 오븐에서 10분 정도 굽는다.
5 오븐에서 피자를 구울 때에는 한쪽만 타는 경우가 있으므로, 수시로 확인하여 굽는 방향을 회전시켜 준다.
6 구워진 피자는 다진 파슬리를 뿌려 완성한다.

Quantity Produced (4portions)

Pizza Dough	700g
Tomato Sauce	500ml
Mozzarella Cheese	600g
Shrimps	400g
Squid	250g
Sea Scallops	300g
Champignon Mushroom	60g
Parsley Chopped	8g
Salt and Pepper Mill	1g
Garlic	10g
Olive Oil	30ml

토마토 소스에 살라미와 블랙 올리브 피자

Pizza con Salame e Olive Nere

Tomato Sauce, Mozzarella Cheese Salami and Black Olives
토마토 소스에 살라미와 블랙 올리브 피자

Method

1 175g으로 소분해서 냉장고에 넣어둔 반죽에 밀가루를 충분히 묻혀서 반죽 미는 기계에 넣고 밀어진 반죽이 기계에서 밀려 나오면, 다시 밀대로 직경 약 30cm의 원형으로 얇게 밀어 만들어 놓는다.

2 바닥에 밀어 놓은 반죽을 깐 후, 피자소스를 가장자리만 남기고 골고루 발라준다.

3 도우 위에 모차렐라 치즈를 뿌리고, 내용물을 얹은 후 다시 모차렐라 치즈를 뿌려준다.

4 화덕이나 오븐에서 바닥이 타지 않도록 250℃에서 10분 정도 구워낸다. 이때 한쪽만 탈 수 있으므로 수시로 확인하여 방향을 회전시켜 주면서 굽는다.

5 구워진 피자는 꺼내서 올리브 오일을 살짝 뿌려 제공한다.

Quantity Produced (4portions)

Pizza Dough	700g
Tomato Peeled Blended	400g
Salt	2g
Black Olives Sliced	120g
Oregano Dry	2g
Mozzarella Cheese	1kg
Salami Sliced	400g

토마토를 넣은 해산물 리소토

Rosotto di Mare al Pomodoro

Sea Food Risotto in Tomato Sauce
토마토를 넣은 해산물 리소토

Method

1 쌀은 깨끗이 씻어서 물기를 빠지게 준비해 놓고, 해산물은 깨 끗하게 손질하여 놓는다. 특히, 조개류는 여러 번 깨끗하게 씻 어서 염분이 있는 찬물에 담가 놓아야 좋다. 왜냐하면 껍질 안에 모래나 기타 불순물이 있기 때문에 이를 완전히 제거하 기 위함이다.
2 냄비에 올리브유를 두르고 다진 양파를 색깔이 나지 않게 볶 는다. 이때 양파가 투명하게 볶아지면 물기 뺀 쌀을 넣고 버 터를 약간 넣어 나무주걱으로 저으면서 볶는다.
3 백포도주와 육수를 넣고 계속 저으면서 끓인다.
4 토마토 소스를 넣고 더 끓여서 쌀을 씹어보아 알덴테(Al Dente)로 느껴졌을 때 기호에 따라 더 끓이기도 한다.
5 소금, 후추로 간을 하여 질게 밥을 하여 완성한다.

Quantity Produced (4portions)

Rice	320g
Butter	50g
Onion Chopped	60g
Shrimps	320g
Sea Scallops	320g
Squid, Rings	160g
Clams Mushrooom	160g
Clams Stock	600ml
Clams	400g
Tomato Sauce	200ml
White Wine	40ml
Parsley Chopped	3g
Salt and Black Pepper	5g

Garnish

Parsley Leaf	10g

Check Point

- 리소토는 쌀알이 약간 씹히는 죽 같다고 해야 할까요? 쌀알이 푹 퍼지지 않고 씹히는 것이 리소토 맛의 비결이다.
- 쌀을 볶을 때 올리브 오일을 이용해야 맛이 있으며, 버터를 약간 넣고 볶으면 냄비 바닥에 쌀이 달라붙지 않고 미끈하게 잘 볶아진다.
- 리소토에는 파마산 치즈와 생크림을 넣기도 하는데, 만드는 방법이 지역에 따라 다양하다. 그러므로 어떤 조리법이 더 좋다고 말할 수는 없다.
- 조리시간도 길어 이탈리아에서는 엄마의 정성으로 만드는 음식으로 알려져 있다.

Italian Cuisine

9

Pasta

파스타

제9장

Pasta

파스타

파스타(Pasta)란 밀가루를 물과 반죽한 것을 총칭하며, 면 요리를 말한다. 우리나라에서는 파스타란 말보다 스파게티라고 많이 부른다. 파스타가 언제 어디에서 누가 만들었는지는 정확히 알 수 없으나 한 가지 분명한 것은 그 역사가 오래되었다는 것이다. 고대 그리스나 로마시대에는 파스타에 대한 정확한 문헌을 찾아볼 수 없다.

반면 기원전 3천 년경에 이미 국수형태의 음식을 만들어 먹었다고 하며 중국에는 밀가루로 만든 국수에 대한 기록이 이미 기원전 1세기경에 나타나고 있다. 그런 이유인지 마르코 폴로가 1295년 베네치아로 돌아올 때 중국으로부터 파스타를 가지고 왔다는 설이 있으나 문헌에 기록된 것은 없다. 그렇지만 이미 12세기 초 시칠리아에서는 건조 파스타를 생산해 주변지역에 수출하고 있었고, 마르코 폴로가 동양에 머물러

있던 1279년 이탈리아 제노바에는 폰지오 바스토네라는 사람이 마카로니가 들어 있는 나무상자를 유산으로 남긴 기록이 있어 그 이전부터 파스타가 있었음을 증명하고 있다.

이탈리아의 파스타는 현재 알려진 것만 해도 가짓수로 따지면 150종이 넘고 똑같은 모양인데, 크기가 다른 것들을 하나로 묶어 다시 분류해도 40~50종이 넘는다. 이탈리아에서는 파스타 디자이너라는 직업까지 있어, 그들은 매년 '올해의 신작'이라 하여 새로운 모양의 파스타를 개발하고 있다.

파스타의 모양에 기발한 상상력을 덧붙여 나사를 보면서, 나비를 보면서, 바퀴를 보면서, 신체를 보면서 파스타를 만들어내고 그에 걸맞은 재미난 이름을 붙인다.

새로운 모양의 파스타를 만들 때에는 삶은 후 씹는 촉감이 어떠한지, 소스와는 잘 어울리는지가 최고의 관건이 된다. 씹어보고, 먹어보고, 갖가지 소스에 버무려보고, 아무리 센세이션한 멋진 디자인이라 할지라도 씹었을 때의 감촉과 소스의 결합, 쉽게 먹을 수 있는지 등의 기본요소를 만족시키지 못하면 불합격되기 때문이다.

(1) 파스타의 재료

글루텐(Gluten)이 많이 들어 있는 듀럼밀(Durum Wheat)의 배아를 거칠게 갈아서 만든 세몰리나(Semolina)를 주로 사용한다.

파스타(Pasta)는 거의 탄수화물로 이루어졌으며, 약간의 단백질, 비타민, 미네랄, 지방을 포함하고 있다.

(2) 파스타 만드는 방법

반죽을 하기 전에 밀가루를 체로 치는 것이 좋다. 달걀은 상온에 있는 것을 사용하며 한 큰술의 오일을 첨가하면 반죽이 유연해진다. 밀가루를 따뜻한 물과 섞어서 반죽한 다음, 둥근 구멍이 뚫린 형판으로 통과시켜 원하는 모양으로 뽑아낸 뒤 생파스타로 사용하거나 건조시킨다.

(3) 여러 가지 색의 파스타를 만드는 방법

밀가루 반죽할 때 빨간색은 비트나 토마토 페이스트를 사용하며, 녹색은 시금치 즙, 주황색은 당근즙, 노란색은 사프란, 검은색은 오징어 먹물을 섞어서 만든다.

(4) 알덴테(Al Dente)란?

덴테(Dente)란, 이탈리아어로 '치아'를 뜻하는데, 알덴테란 면을 삶아서 씹어보았을 때 약간 심지가 있는 것처럼 느껴지는 덜 삶은 상태로, 이탈리아 사람들은 이런 상태를 즐긴다.

(5) 가장 좋은 면을 선택하는 방법

면의 구성 성분을 주의 깊게 읽는다. 마른 면은 단단한 밀가루로만 만들어야 한다. 면의 질은 삶았을 때 알게 되는데, 좋은 면은 겉이나 속이 같은 강도로 삶아지며 부스러지거나 눌어붙지 않는다.

> 일반적인 배합률 = 경질밀 100g + 달걀 1개 + 약간의 소금

(6) 파스타의 소스

① 볼로녜제(Bolognese) : 이탈리아 볼로냐 지방에서 처음 만들어졌기 때문에 이름이 이렇게 붙었다. Tomato Sauce에 Ground Meat가 함께 섞인 Sauce이다.

② 봉골레(Vongole) : 봉골레는 이탈리아어로 조개이다. 즉 이 말이 들어가면 조개가 들어갔다는 뜻이다. Tomato Sauce가 들어가면 Red Vongole, Cream Sauce

를 넣으면 White Vongole라 한다.

③ 푸타네스카(Puttanesca) : 토마토, 양파, 블랙 올리브, 케이퍼, 앤초비, 오레가
노, 마늘, 고추 등 이탈리아의 일반 가정에 항상 있는 재료로 만든 매콤한 맛의
소스이다.

④ 카르보나라(Carbonara) : 크림소스이며 크림, 베이컨, 달걀, 파마산 치즈를 넣
으며 식으면 느끼하기 때문에 뜨거울 때 빨리 먹는 게 좋다.

⑤ 페스토(Pesto) : 바질, 마늘, 올리브 오일, 잣, 파마산 치즈로 만든 소스

⑥ 프리마베라(Primavera) : 당근, 브로콜리, 버섯, 피망 등의 채소로 만든 크림소
스이다. 프리마베라는 이탈리아어로 봄이다.

⑦ 프루티 디 마레(Frutti di Mare) : 'Fruit of Sea' 즉 해산물이다.

(7) 파스타 삶는 법

① 냄비에 물이 끓어도 넘치지 않을 정도로 충분히 넣는다. (물은 파스타 100g당
1리터를 기준으로 넉넉히 넣어야 한다. 물이 많을수록 파스타를 넣었을 때 빨리
끓기 시작하는데, 특히 라자냐 같은 시트 타입의 파스타는 물을 충분히 넣는다.)

② 물이 끓기 시작할 때 소금을 넣고 뚜껑을 덮은 다음 물이 최고로 끓을 때 면을
넣고 빠르게 저은 다음 신속하게 건진다. [물 1리터당 10~12g의 소금을 기준으
로 삼는다. 소금을 넣으면 면에 간도 배고 쫄깃하게 삶아진다. 소금을 미리 넣으
면 물 끓는 시간이 더뎌지므로 반드시 물이 끓어오를 때 소금을 넣는다. (달걀을
넣어 반죽한 생파스타나 라자냐같이 부피가 큰 파스타는 올리브 오일을 넣어 서
로 달라붙는 것을 방지한다.)]

③ 긴 파스타는 던지듯이 한 번에 방사형으로 넣고, 짧은 파스타는 천천히 부어가
며 넣는다.

④ 파스타 전체가 물에 잠기면 냄비 바닥에 달라붙지 않도록 저어준다.

⑤ 알덴테(Al Dente) 상태로 삶는다.

⑥ 파스타가 익으면 체에 밭쳐 물기를 빼고, 절대 찬물에 헹구지 않는다. (파스타 표면에 있는 조직이 파괴되어 소스가 잘 묻지 않기 때문인데, 소금은 물 1리터당 10g이 적당하며, 파스타는 삶으면 무게는 3배, 부피는 4배까지 늘어난다.)

(8) 스파게티라고 해야 하나? 파스타라고 해야 하나?

우리는 보통 이탈리언 파스타를 그냥 스파게티라고 부르곤 한다. 하지만 스파게티는 파스타의 한 종류일 뿐이다. 따라서 이탈리언 파스타를 그냥 스파게티라고 하는 것은 잘못된 표현으로 파스타라고 부르는 것이 맞다.

파스타란 밀가루를 이용해 만든 음식을 통틀어 일컫는 말인데, 경우에 따라서는 밀가루 외에도 메밀가루라든지 보릿가루 등 다른 곡식분을 이용하기도 한다. 스파게티 같은 국수 모양뿐 아니라 라비올리처럼 속을 채운 만두 모양으로 둥글게 빚어내는 뇨키 같은 것들도 모두 파스타에 속한다.

파스타 위에 얹어내는 소스도 파스타의 종류만큼이나 다양해서 우리가 흔히 먹는 토마토 소스나 크림소스 외에 상상할 수 없는 독특한 소스들이 많이 있다.

(9) 스파게티를 먹을 때 스푼이 필요한가?

유럽에 포크가 널리 보급된 것은 19세기 초에 이르러서다. 그전까지 스파게티는 손으로 집어먹을 수밖에 없었고, 포크가 보급된 이후에도 20세기 초까지 나폴리 사람들은 스파게티를 주로 손으로 집어먹었다. 18, 19세기의 나폴리를 묘사한 그림 중에는 손으로 스파게티를 집어먹는 나폴리인들의 모습이 자주 등장한다. 포크 사용이 일반화되면서 이탈리아에서는 손으로 집어먹던 스파게티를 포크로 먹게 되었는데, 스파게티를 포크로 먹다 보면 어느 정도 고개를 숙이지 않을 수 없다. 이탈리아가 아닌 다른 나라에서는 이런 모습이 보기 싫을뿐더러 포크만으로 스파게티를 먹기도 쉽지 않았기 때문에 스푼을 함께 사용해서 상체를 구부리지 않고 스파게티를 먹는 것이 올바른 식사예절로 생각되기도 했다. 우리나라도 예외는 아니어서 파스타 전문점에 가면 으레 포크와 함께 스푼이 놓여 있다. 이때 스푼은 왼손에, 포크는 오른손에 쥐고 포크로 파스타를 한입거리만큼 집어 스푼에 대고 돌돌 말아서 먹으면 된다. 하지만 이탈리아에서는 이렇게 먹는 것이 오히려 식사예절에 어긋나는 것으로 생각된다. 포크 사용이 서툰 아이들이나 남부의 일부 지방에서만 이런 방법을 사용할 뿐이다. 따라서 파스타를 주문해도 스푼이 함께 나오는 경우는 거의 없다. 이탈리아에서는 스푼 없이 포크만으로 돌돌 말아 먹는 것이 일반적이다. 포크만으로 스파게티를 먹는 데 익숙해지면 스푼을 함께 사용하는 것이 오히려 더 거추장스럽게 생각될 것이다. 또 스파게티는 포크만으로 좀 요란하게 먹는 쪽이 훨씬 맛있다. 물론 이 방법이 어려우면 종업원에게 스푼을 요구해도 크게 실례가 되지는 않는다.

(10) 이탈리아는 원래부터 알덴테를 좋아했나?

파스타를 소개하는 요리책을 보면 거듭 강조하는 것이 바로 파스타를 알덴테로 삶으라는 것이다. 알덴테란 영어로 표현하자면 'to the teeth', 즉 '이로' 또는 '이에'라는 정도의 뜻을 가진 말이다. 이것은 씹는 맛이 살아 있도록 삶으라는 의미다. 이탈리아 사람들은 푹 퍼진 파스타를 극도로 싫어한다. 씹는 맛이 살아 있는 것을 좋아하기 때문에 리소토를 만들 때도 쌀알이 씹히는 느낌이 있을 만큼만 익힌다. 그 결과 파스타를 알덴테하게 삶는 것은 파스타 요리의 기본 중 기본이 되었다. 그러나 이탈리아 사람들이 원래 알덴테한 파스타를 좋아했던 것은 아니다. 알덴테라는 표현은 제1차 세계대전 이후에나 일반적으로 쓰이게 된 용어이다.

중세에는 파스타를 푹 익혀 먹는 것이 일반적이었다. 파스타를 물에 퍼지도록 오래 삶아 주로 설탕이나 단맛이 나는 향신료를 뿌려 먹었다. 19세기 중반까지 나폴리를 제외한 이탈리아에서는 이렇게 오래 삶아낸 파스타를 좋아해서 1시간, 길게는 2시간까지도 삶았다고 한다. 파스타를 살짝 익혀 먹기 시작한 것은 바로 나폴리 사람들이다. 다른 지역에서도 생파스타보다 건조 파스타를 더 많이 먹게 되면서 나폴리식, 즉 알덴테로 삶는 것이 일반화되어 오늘날까지 이어지고 있다.

(11) 건조 파스타와 생파스타

우리나라 국수에도 말린 국수와 생국수가 있듯이 파스타에도 건조 파스타와 생파스타가 있다. 건조 파스타는 듀럼밀을 거칠게 갈아 만든 세몰리나를 물로 반죽해 만드는 상업용 파스타로 말 그대로 파스타를 뽑은 후 건조시킨 것이다. 우리에게 친숙한 스파게티, 마카로니 모두 건조 파스타에 속한다. 생파스타는 건조시키지 않은 촉촉한 상태의 파스타인데, 우리가 흔히 보는 보통 밀가루에 달걀을 넣고 반죽해서 만든다. 생파스타는 주로 이탈리아 중북부 지방에서 즐겨 먹는다. 이탈리아 텔레나 라자냐가 대표적인 생파스타이며, 라비올리나 토르텔리 같은 만두형 파스타도 생파스타를 이용해서 만든다. 이탈리아 파스타 산업의 규모는 90% 정도가 건조 파스타, 나머지 10% 정도를 생파스타가 차지하고 있다. 2년 이상 장기간 보관이 가능한 건조 파스타에 비해 생파스타는 고작 며칠 정도밖에 보관할 수 없어 대단위로 생산하기보다는 집에서 직접 만들어 먹는 경우가 많기 때문이다. 최근에는 포장기술의 발달로 진공포장을 이용해 비교적 유통기간이 긴 생파스타를 판매하고 있다. 또 반건조된 상태로도 판매되기 때문에 집에서 따로 만들지 않아도 쉽게 접할 수 있게 되었다.

(12) 좋은 파스타 고르기와 보관하기

① 밝은 호박색을 고른다

건조 파스타의 재료인 듀럼밀은 카로티노이드 색소가 많아 노란색을 띠고 있다. 따라서 듀럼밀로 만든 건조 파스타는 자연히 노란색이다. 하지만 노란색이 너무 진한 것은 고온에서 건조시킨, 품질이 좋지 않은 파스타이므로 되도록 밝은 호박색을 띠는 것을 고르도록 한다. 검은 반점이 있는 것은 불순물이 섞인 것이며, 흰 반점이 있는 것은 세몰리나의 질이 나쁘거나 건조과정이 잘못된 것이므로 피한다.

② 표면이 약간 거친 것이 맛있다

파스타의 표면이 지나치게 매끄럽고 반질반질한 것보다는 조금 거친 것을 고른다. 표면이 너무 매끈한 파스타는 소스와 버무렸을 때 소스가 묻어나지 않고 그냥 미끄러져서 맛이 덜하다. 표면이 약간 거친 것이 소스가 잘 묻어나기 때문에 요리가 훨씬 맛있어진다.

③ 냄새를 맡아본다

삶지 않은 생파스타의 냄새를 맡아본다. 파스타에는 법적으로 향기성분이나 인공첨가제를 사용할 수 없게 되어 있으므로 화학냄새나 인공적인 향이 나서는 안 된다.

④ 삶으면서 확인한다

삶는 도중 형태가 부서지거나 끊어지지 않아야 하며, 봉지에 적혀 있는 시간 동안 삶았을 때 푹 퍼지지 않고 알덴테(al dente) 상태가 되는 것이 좋은 파스타이다.

⑤ 보관하기

건조 파스타는 2년 이상 보관이 가능한 식품이므로 제대로 보관하면 쉽게 썩거나 변질되지 않는다. 이미 개봉한 것은 잘 밀봉해서 빛이 없고 선선하며 건조한 곳에 보관한다.

▶ 파스타 제조에 기계를 사용

기계가 발명되기 전까지 파스타는 사람의 힘으로만 만들어졌다. 그러던 것이 산업 혁명으로 기계가 발명되자 파스타 산업에도 자동화 바람이 불게 되었다. 원시적이긴 했으나 파스타를 생산하는 데 기계가 사용되기 시작한 것은 17세기 초였다. 그렇지만 18세기 중반까지 파스타를 만드는 데에는 수작업이 훨씬 많았다. 당시에는 반죽기계가 없었기 때문에 세몰리나에 물을 붓고 손으로 직접 반죽했는데, 나폴리에서는 사람들이 반죽통에 맨발로 들어가 발로 밟아서 반죽을 했다. 발까지 동원해 반죽을 했던 이유는 듀럼밀이 보통 밀가루와 달리 반죽하는 데 많은 힘을 필요로 하기 때문이다. 이렇게 만든 반죽을 파스타 압축기에 넣고 당나귀를 이용하거나 사람들이 직접 압축기를 돌려서 국수 모양으로 뽑아낸 후 햇빛에 널어 말렸다.

지저분한 발로 파스타 반죽을 만드는 모습을 보게 된 당시 나폴리의 왕 페르디난도 2세는 이런 비위생적인 문제점을 해결하기 위해 유명한 기술자였던 체자레 스파타치니를 고용했다. 체자레는 사람의 발동작을 흉내내어 밀가루에 뜨거운 물을 붓고 반죽하는 기계를 발명해 냈다. 그 후 기계가 더욱 발달하면서 압축기도 증기기관이나 전동기로 작동하게 되었다. 여전히 건조기계는 등장하지 않았지만 이러한 기술적인 발전으로 적은 비용으로 생산이 가능해지면서 파스타는 값이 저렴한 서민음식으로 자리잡을 수 있었다. 19세기는 동으로 된 다이스가 만들어졌다. 다이스를 만드는 장인들은 동에 다양한 모양의 구멍을 뚫어 새로운 모양의 파스타를 만들기 시작했는데, 당시에 이미 200여 가지의 모양을 만들어냈다고 한다. 20세기 초에는 인공건조기가 발명되어 파스타의 자연건조는 인공건조로 바뀌었고, 1933년에는 브라이반테 형제가 혼합, 반죽, 성형, 건조까지 일체의 생산이 연속적으로 이루어지는 연속식 제조설비를 개발했다.

▶ 건조 파스타의 제조과정

건조 파스타의 제조과정은 크게 반죽하기, 모양 만들기, 건조시키기로 나뉜다. 우선 듀럼밀을 거칠게 간 세몰리나에 따뜻한 물을 붓고 반죽한다. 반죽이 차지게 되면 이것을 구멍 뚫린 형판에 통과시켜 원하는 모양을 만들어낸다. 이 형판을 아이스라고 부른다. 마카로니처럼 속이 빈 관 모양의 파스타는 강철 핀이 있는 좁은 구멍에, 스파게티는 핀이 없는 더 작은 구멍에 반죽을 통과시켜 만든다. 그 외 다양하고 독특한 모양은 특별한 형판으로 찍어내거나 반죽이 다이스를 통과해 나올 때 회전 칼로 잘라서 모양을 만든다. 모양이 만들어진 뒤에는 뜨겁고 습한 공기를 불어넣어 서서히 건조시켜 반죽의 수분함유량을 12.5% 이하로 줄인 후 포장하게 된다.

▶ 듀럼밀이란?

우리가 흔히 보는 건조 파스타는 듀럼밀로 만드는데 듀럼밀의 배아를 굵게 갈아서 만든 가루를 세몰리나라고 부른다. 건조 파스타는 세몰리나에 따뜻한 물을 붓고 반죽해서 만든다. 듀럼밀의 학명은 Triticum Durum으로 이탈리아에서는 그라노 듀로, 즉 '딱딱한 밀'이라고 부른다. 듀럼밀은 밀단백질인 글루텐의 함량이 높은 경질밀로 우리가 일상적으로 먹는 밀과는 다른 타입이다. 이 두 가지 밀은 생김새는 비슷하지만 성질이나 재배환경이 전혀 다르다. 일반 밀은 뜨겁고 건조한 기후를 잘 견디지 못하기 때문에 선선하고 비가 많이 내리는 지역에서 잘 자란다. 이탈리아의 경우 북부에서 많이 생산한다. 반면 듀럼밀은 지중해성 기후에 적합한 성질을 가지고 있어 이탈리아 남부, 스페인, 그리스, 아프리카 북부처럼 햇빛이 강렬하고 건조한 곳에서 잘 자란다. 보통 밀은 빻으면 하얗고 고운 밀가루를 얻게 되지만 듀럼밀을 빻으면 연한 호박색의 모래알 같은 가루를 얻게 되는데 이것이 바로 세몰리나이다. 이 두 가지 밀은 밀단백질의 조성에 있어 가장 큰 차이점을 보인다. 듀럼밀의 경우 접착력이 있는 글루텐 단백질이 파스타를 만들기에 적당하며, 탄력성이 있기 때문에 파스타의 끈기 있는 독특한 질감을 만들어주며, 다양한 모양을 만들 수 있다. 반면 일반 밀은 발효시켜 오븐에 구워내는 빵을 만들기에 좋은 성질을 가지고 있다. 듀럼밀에는 당근 등에 들어 있는 카로티노이드 색소가 많이 들어 있어서 듀럼밀로 만든 파스타는 밝은 노란색을 띠게 된다.

▶ 뽑는 방법에 따라 달라지는 맛

파스타를 뽑아내는 형판을 다이스라고 한다. 어떤 재질로 된 다이스로 파스타를 뽑느냐는 그다지 중요한 것 같지 않지만 파스타의 질을 결정하는 주요인 중 하나이다. 구리로 된 다이스를 사용하면 반죽이 다이스를 빠져나올 때 마찰이 생겨 파스타의 표면이 까칠까칠하게 된다. 반면 테프론 다이스로 뽑은 것은 마찰이 적어 매끈매끈한 파스타가 된다. 파스타의 색깔 역시 차이가 나는데, 더 짙은 황색이 되는 것은 테프론 쪽이다. 구리 다이스로 뽑은 까칠까칠한 파스타는 소스가 잘 스며드는 장점이 있지만 다이스 자체의 내구성이 떨어지는 단점이 있다. 테프론 다이스의 수명이 2배 정도 길기 때문에 대부분의 대형 파스타 회사에서는 테프론 다이스를 사용하고 있다. 어떤 파스타를 좋아하느냐는 개인적인 취향이기는 하나 구리 다이스로 뽑아낸 파스타의 가치를 더 높이 쳐준다. 그래서 전통적인 방법을 고수하는 파스타 회사에서는 구리 다이스를 사용하며, 구리 다이스로 뽑았음을 강조하기 위해 포장지에 따로 표기하기도 한다.

▶ 맛있는 파스타의 생명은 '잘 말리기'

건조 파스타를 만드는 마지막 단계인 건조과정은 '진실의 순간'이라 불릴 정도로 맛있고 질 좋은 파스타를 만드는 데 있어 가장 중요한 단계이다. 너무 빨리 건조시키면 파스타가 부서져 버리고, 너무 느리면 반죽이 늘어나거나 곰팡이가 생길 우려가 있기 때문이다. 공업적으로 건조 파스타를 생산할 때에는 고온에서 짧은 시간 안에 건조시키는데, 보통 5~6시간 정도 걸린다. 이렇게 고온에서 건조시키면 생산비용과 시간이 절약되기는 하지만 파스타가 너무 단단해지고 맛이 없어지는 단점이 있다. 그래서 전통 파스타의 품질을 지키고자 하는 파스타 제조업체에서는 무엇보다 건조과정에서 정성을 기울인다. 낮은 온도에서 50~60시간 정도의 건조과정을 거치는데, 이렇게 건조시킨 파스타는 고온에서 단기간 건조시킨 파스타보다 품질이 뛰어나며, 삶았을 때 더 맛있을 뿐 아니라 독특한 향을 잃지 않게 된다. 또한 고온 건조시킨 파스타는 표면이 매끄러운 반면 낮은 온도에서 장기간 건조시킨 파스타는 표면이 거칠거칠해지는데, 이런 파스타가 소스와 더 잘 어우러져 맛있는 파스타 요리를 만들어낸다.

파스타는 형태나 크기, 길이, 굵기에 따라 150종이 넘고, 지금도 새로운 모양의 파스타가 계속 나오고 있다. 우리에게 가장 친숙한 스파게티(Spaghetti)를 비롯해 푸질리(Fusilli), 펜네(Penne), 탈리에리니(Taglierini), 파파르델레(Pappardelle) 등 이름도 다양하며 같은 모양이라 하더라도 지역에 따라 다른 이름으로 불리기도 한다.

파스타는 크게 촉촉히 젖은 상태의 생파스타와 딱딱한 건조 파스타로 나뉜다. 말랑말랑한 생파스타는 소스를 잘 흡수하며 건조 파스타와는 다른 신선한 맛을 느낄 수 있다. 또한 삶는 시간을 절약할 수도 있다. 반면 건조 파스타는 장기간 저장이 가능하다는 장점이 있다.

- 라비올리(Ravioli) : 두 장의 얇은 밀가루피 안에 육류나 치즈, 채소 등으로 속을 채워 넣은 이탈리아식 만두이다. 이탈리아 북부의 몇몇 지방에서는 아뇰로티(Agnolotti)라고도 불린다. 라비올리는 속을 채워 넣기 때문에 건조시킬 수 없다. 보통 바로 먹거나 냉장, 냉동 보관한다.

- 카펠레티와 토르텔리니(Cappelletti e Tortellini) : 속을 채워 넣는 방식은 라비올리와 같다. 다른 점이 있다면, 라비올리가 두 장의 피를 이용하는 데 비해 카펠레티와 토르텔리니는 한 장의 밀가루피 안에 속을 넣고 반으로 접어서 만든다. 우리의 만두 만드는 방식과 유사하다.

파스타(Pasta)의 종류

엔젤헤어(Angel Hair)

'천사의 머리카락'이라는 뜻으로 파스타 중에서 굵기가 제일 가늘며, 소스가 많이 들어가지 않는 파스타 요리에 많이 사용한다.

스파게티(Spaghetti)

길고 가는 원통형으로 이탈리아 파스타의 대명사로 꼽힐 정도로 가장 대중적이고 가장 많이 사용하는 파스타이다.

부카티니(Bucatini)

겉모양이 스파게티와 비슷하지만 가운데 구멍이 뚫려 있는 빨대 모양이 특징이며, '부카토(bucato)'는 '구멍이 뚫린'이라는 뜻이다.

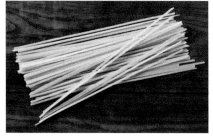

링귀니(Linguine)

이탈리아어로 '작은 혀'라는 뜻으로 너비가 스파게티 면보다는 조금 넓고, 페투치네보다는 약간 넓지 않은 납작한 형태의 파스타이다.

페투치네(Fettuccine)

1cm 너비로 자른 길고 넓적한 모양의 두꺼운 파스타의 일종으로 링귀니보다는 너비가 약간 넓고, 탈리아텔레와 비슷하지만 조금 더 넓다.

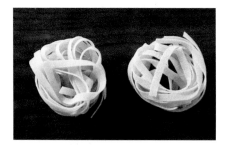

파파르델레(Pappardelle)

넓적한 면으로 파스타 중 너비가 가장 넓은 면발의 파스타이다.

오르조(Orzo)

쌀 모양의 파스타로 리소토, 샐러드에 주로 이용한다.

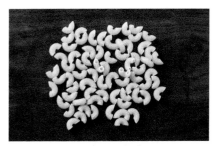

마카로니(Macaroni)

링거 줄을 잘게 자른 모양으로 속이 비어 있으며, 샐러드나 파스타에 많이 넣어 먹는 파스타이다.

펜네(Penne)

끝이 '펜촉' 모양으로 뾰쪽하고, 펜대처럼 생겨서 붙여진 이름으로 짧은 파스타 중 가장 대중적이며, 가운데 구멍이 뚫려 있어 모든 소스에 잘 어울리는 파스타이다.

푸질리(Fusilli)

나사 모양으로 생긴 푸질리는 틈 사이사이에 소스가 잘 스며들어 소스의 맛을 잘 느낄 수 있다.

파르팔레(Farfalle)

'나비'라는 뜻을 의미하는 파르팔레는 나비 또는 나비넥타이 모양으로 가운데의 접힌 부분과 날개 부분의 두께가 달라 두 가지 식감을 동시에 즐길 수 있다.

로텔레(Rotelle)

이탈리아어로 '작은 바퀴'라는 의미의 로텔레는 수레바퀴 모양처럼 생겼으며, 단순히 독특한 디자인뿐만 아니라 소스가 잘 스며들게 하기 위해서 만든 파스타이다.

리가토니(Rigatoni)

펜네와 비슷한 모양으로 어슷하게 자른 것
이라면 리가토니는 반듯하고 짧게 자른 속
이 빈 튜브 형태이며, 면의 표면에 세로 방
향으로 줄무늬가 있는 것이 특징이다.

콘킬리오니(Conchiglioni)

이탈리아어로 바다조개를 의미하는 con-
chiglia에서 유래하였으며 소라 껍데기 모
양으로 사이즈가 큰 것부터 작은 것까지
종류가 다양하다.

뇨키(Gnocchi)

우리나라 수제비와 비슷한 모양의 뇨키는
고대 로마시대부터 먹었는데 세몰리나 듀
럼밀에 감자와 치즈를 넣고 반죽하여 만든
다. 쫀득쫀득한 식감이 특징이다.

라자냐(Lasagna)

넓은 직사각형 모양으로 가장자리가 물결무
늬로 되어 있으며, 라자냐 면을 깔고 그 사
이사이에 소스 등을 층층이 쌓아 오븐에 구
워낸다.

❶ 링귀니(Linguine), ❷ 푸질리(Fusilli), ❸ 페투치네(Fettuccine), ❹ 뇨키(Gnocchi), ❺ 스파게티(Spaghetti), ❻ 삼색 펜네(3 Kind Penne), ❼ 라자냐(Lasagna), ❽ 리가토니(Rigatoni), ❾ 콘킬리오니(Conchiglioni), ❿ 파파르델레(Pappardelle), ⓫ 마카로니(Macaroni), ⓬ 펜네(Penne), ⓭ 로텔레(Rotelle), ⓮ 파르팔레(Farfalle), ⓯ 엔젤 헤어(Angel Hair), ⓰ 부카티니(Bucatini), ⓱ 삼색 스파게티(3 Kind Spaghetti), ⓲ 오르조(Orzo), ⓳ 오징어먹물 스파게티(Squid Ink Spaghetti)

토마토 소스(Tomato Sauce) 이야기

토마토(Pomodoro)는 남미 안데스고원이 원산지인 일년생 식물로 유럽에 전해진 것은 16세기로 남부 이탈리아가 토마토 소스의 발생지이기도 하다. 그 이후부터는 이탈리아 요리에 절대 빠질 수 없는 독보적인 존재가 되었으며, 비타민과 미네랄이 풍부하다.

모양과 맛이 다양해서 샐러드에 넣는 토마토가 따로 있고, 소스에 이용하는 토마토가 따로 있다. 보통 긴 모양의 산 마르자노(San Marzano)종은 씨가 적고 과육이 풍부해서 토마토홀 같은 소스를 만드는 데 이용한다. 아직도 남부 이탈리아의 전통적인 가정에서는 우리가 장을 담그는 것처럼 8월이면 토마토를 수확해 1년 동안 먹을 토마토 소스를 준비한다.

이탈리아 국내 토마토 생산의 50% 이상이 소스 등 가공식품에 이용된다. 사용하고 남은 토마토 소스는 뚜껑 있는 병으로 옮겨 담고, 위에 올리브 오일을 뿌려 놓으면 곰팡이 번식을 막을 수 있다.

최근에는 여러 종류의 다양한 토마토 소스가 시판되면서 쉽게 접할 수 있는데, 인공조미료를 첨가하여 제조되어 본래의 자연스럽고 신선한 맛을 느낄 수가 없다. 이러한 이유로 인하여 호텔 및 유명 레스토랑에서는 토마토 소스를 직접 만들어 사용한다.

토마토 홀(Pomodori Pelati ; 포모도리 펠라티)

긴 모양의 산 마르자노종 토마토의 껍질을 벗기고 통째로 익힌 후 살균처리하여 캔에 담은 것을 말한다.

토마토는 선명한 붉은색이어야 하고, 검붉은색을 띠면 살균처리 과정이 잘못된 것이다. 노란색 또는 주황색이 보이면 덜 숙성된 상태의 토마토를 익힌 것이다.

토마토는 파스타 요리의 소스, 고기나 생선요리의 소스, 채소요리 등 가장 다양하게 이용된다. 특히 라구소스처럼 장시간 조리해야 하는 소스에 적합하다.

토마토 퓌레(Passata di Pomodoro ; 파사타 디 포모도로)

토마토를 부드럽게 갈아 살균처리하여 병이나 캔에 담은 것을 말한다. 채소나 육류, 어패류 소스 등 단·장시간 조리해야 하는 소스에 모두 어울린다.

토마토 페이스트(Concentrato di Pomodoro ; 콘첸트라토 디 포모도로)

토마토의 수분은 증발시키고 과육만 농축한 농축액을 말한다. 주로 육류나 어패류 요리에 적합하고, 토마토 펄프나 토마토 퓌레와 같이 섞어 소스를 만들 때도 이용한다.

토마토 소스(Sugo di Pomodoro ; 수고 디 포모도로)

토마토에 여러 가지 재료와 양념을 첨가하여 만든 가공 조리된 인스턴트 소스를 말한다. 다양한 종류의 파스타 면과 토마토 소스를 이용하여 맛있는 파스타 요리를 만들 수 있다.

토마토 소스

Salsa di Pomodoro

Tomato Sauce
토마토 소스

Method

1 캔에 들어 있는 토마토 홀은 오픈하여 토마토 꼭지 부분에 붙어 있는 토마토 껍질을 제거한 후 핸드 믹서기로 거칠게 간다. 또는 토마토 홀을 토마토 주스와 분리하여 토마토 홀만 따로 거칠게 갈아도 된다.
2 양파와 마늘은 곱게 다져 놓는다.
3 뜨겁게 가열한 소스 냄비에 올리브 오일을 두르고 마늘을 먼저 볶다가 양파를 넣고 충분히 볶는다.
4 토마토 홀을 넣고 바질과 소금, 설탕, 흰 후춧가루, 월계수 잎 순서로 넣은 후 끓으면 불을 끈다.
5 소스 용기에 담아서 찬물에 식힌 후 냉장고에 보관한다.

Quantity Produced (4portions)

Tomato Whole	10kg
Onion	800g
Garlic	260g
Olive Oil	300ml
Basil	10g
Sugar	50g
Salt	25g
Ground White Pepper	10g
Bay Leaf	1pc

Check Point

• 토마토 소스에 설탕을 넣는 이유는 소스의 맛이 새콤한 경우에 달콤하고 담백한 맛을 내기 위함이다.

Salsa di Besciamella

Bechamel Sauce
베샤멜 소스

Method

1. 소스팬에 버터를 녹인 후 다진 양파를 색깔이 나지 않게 볶는다.
2. 밀가루를 넣고 색깔이 나지 않게 볶다가 데운 우유를 1/2 정도만 붓고, 덩어리가 생기지 않도록 잘 저어준다. 이때 찬 우유를 넣으면 잘 풀어지지 않으므로 따뜻하게 데워서 넣는다.
3. 남은 우유를 다 넣고 육두구, 소금과 후추로 간을 한다.
4. 고운체에 걸러서 소스를 완성한다.

Quantity Produced (500ml)

Butter	45g
Onion Chopped	20g
Flour	450g
Milk	500ml
Nutmeg	0.5g
Bay Leaf	1pc
Salt & Pepper Mill	Some

Check Point

① 소스팬에 버터를 넣고 녹인다.

② 버터가 녹기 시작하면 밀가루를 넣고 볶는다.

③ 색깔이 나지 않도록 루를 볶는다.

④ 우유를 넣고 끓인다.

⑤ 소스를 고운체에 거른다.

⑥ 베샤멜 소스를 완성한다.

• 소스의 농도에 주의해서 체에 거른다.

바질 페스토 소스

Pesto alla Genovese

Basil Pesto Sauce
바질 페스토 소스

Method

1. 생바질과 파슬리는 깨끗이 씻어서 물기를 완전히 제거해 놓는다. 이때 파슬리는 잎만 따서 사용한다.
2. 잣은 프라이팬에 기름을 두르지 않고 타지 않게 약간 노릇하게 잘 볶아서 식혀 놓고, 마늘은 잘게 썰고, 파마산 치즈는 곱게 갈아 놓는다.
3. 믹서기에 바질과 파슬리, 구운 잣, 마늘을 넣고, 올리브 오일을 넣어서 갈아준다. 이때 올리브 오일은 농도를 보아가며 나누어 넣으면서 약간 거칠게 갈아준다.
4. 믹서기에 간 바질 페스토 소스에 파마산 치즈가루를 넣고 섞은 후 용기에 담아 냉장 보관한다.
5. 사용하기 직전 바질 페스토를 필요한 만큼만 덜어 소금과 후추로 간을 하여 사용한다.

Quantity Produced (4portions)

Fresh Basil	2 handfuls
Parsley Leaves	1/3 handfuls
Pine Nut	30g
Garlic Cloves	3ea
Grated Parmesan Cheese	30g
Olive Oil	100ml
Salt	2g
Ground White Pepper	

Check Point

- 보관법: 밀폐용기에 바질 페스토를 담아서 밀봉하여 냉장 보관하며, 최대 7일 동안 보관이 가능하다. 용기에 보관할 때에는 올리브 오일을 약간 부어 공기와의 접촉을 차단하여 변색을 방지한다. 그리고 오랫동안 보관할 때에는 양을 조절하여 진공포장을 하거나 밀폐용기에 담아 냉동고에 보관한다.
- 페스토(Pesto)는 이탈리아어로 '빻다, 짓이기다'라는 뜻으로 리구리아 제노바 지방에서 유래된 이탈리아의 대표적인 소스이다. 향긋한 바질 향과 고소한 파마산 치즈, 올리브 오일이 어우러진 가열하지 않은 소스로 '페스토 알라 제노베제(Pesto alla Genovese)'라는 이름으로 우리에게 가장 많이 알려져 있다.
- 바질 페스토는 전통적으로 바질 잎을 잘 씻어서 잣과 마늘, 굵은 소금을 절구통에 넣고 절구로 찧는다. 그리고 파마산 치즈를 넣어 고운 녹색의 소스가 될 때까지 빻은 다음, 나무주걱으로 올리브 오일을 조금씩 넣으면서 크림 스타일이 될 때까지 잘 섞어준다. 리구리아 지방의 많은 사람들은 리구리아 지방에서 생산된 양젖으로 만든 치즈를 이용하는데, 올리브 오일은 소스의 농도를 내는 역할을 한다.
- 현지 이탈리아에서는 바질 페스토 소스를 만들 때 파마산 치즈와 페코리노 로마노 치즈를 반씩 넣는다. 그러나 페코리노 로마노 치즈의 구입 및 유통의 어려움, 원가 절감 등 이러한 이유로 인하여 파마산 치즈만 사용하는 경우가 많다.
- 바질 페스토를 많이 사용하는 호텔이나 외식업체의 이탈리아 레스토랑에서는 전통적인 방법보다 푸드 프로세서를 이용하여 많은 양을 만든다. 그리고 사용하기 편리하게 양을 조절하여 진공포장 후 냉동시켜 필요할 때마다 꺼내서 사용한다.
- 페스토 소스를 만들 때 지역에 따라 만드는 사람에 따라 앤초비를 넣기도 하고, 안 넣기도 한다.
- 페코리노 로마노 치즈(Pecorino Romano Cheese): 페코리노 로마노 치즈는 이탈리아가 원산지로 페코니노는 '양'이라는 뜻을 가진 이탈리아어 '페코라'에서 유래했다. 치즈는 성서에 언급되어 있을 정도로 오래된 식품으로 페코리노 로마노 치즈는 현존하는 치즈 가운데 가장 오래된 것으로 알려져 있다. 고대 로마인들이 페코리노 로마노 치즈를 먹었으며, 로마군단의 식량으로 쓰였다고 전해진다. 현재 원산지 명칭 보호를 받으며 라치오, 사르데냐, 토스카나 지역에서 생산되며, 페코리노 로마노 치즈는 짠맛이 강하고 흰색을 띤다. 주로 파스타에 뿌리거나 파스타 소스에 넣으면 담백한 맛과 감칠맛을 더해준다.

볼로네이즈 소스

Ragu alla Bolognese

Bolognaise Sauce
볼로네이즈 소스

Method

1. 쇠고기는 힘줄과 기름기를 제거하고 고기 민찌기에 0.5mm 굵기로 갈아서 준비해 놓는다.
2. 소창이나 육수 팩에 건조된 향신료인 타임, 로즈메리, 세이지, 검정 통후추, 월계수 잎을 조금 넣고 실로 묶어서 향신료 주머니를 만들어 준비해 놓는다.
3. 프라이팬에 올리브 오일을 두르고 강불에서 쇠고기 간 것을 넣고 소테하여 기름을 뺀다.
4. 소스용 냄비에 올리브 오일과 버터를 두르고 다진 양파와 당근, 마늘, 버섯을 넣고 익을 때까지 볶은 후, 쇠고기를 넣고 한 번 더 볶아준다.
5. 볶아지면 적포도주를 넣고 조린 후 토마토 퓌레, 육수, 설탕, 향신료 주머니를 넣고 강불로 끓인다.
6. 소금과 후추로 간을 하여 중불에서 3시간 이상 끓여 완성한다.

Quantity Produced (4L)

Minced Beef	3kg
Onion Chopped	2ea
Carrot Chopped	1ea
Celery Sticks Chopped	2ea
Garlic Clove Chopped	6ea
Champignon Mushroom Chopped	75g
Butter	45g
Olive Oil	50ml
Tomato Puree	2kg
Sugar	15g
Red Wine	375ml
Chicken Stock	1ℓ
Salt	
Ground Pepper	

Spicy Bag

Thyme
Rosemary
Sage
Black Peppercorn
Bay Leaves

Check Point

- 닭육수 대신에 파스타 삶은 물을 사용해도 좋다.
- 소스에 사용하는 쇠고기의 부위는 기름기가 없는 우둔육(Round)과 목살(Chuck)을 사용하면 적당하다.
- 볼로네이즈 소스의 특유한 맛을 증진시키기 위해서 실무 현장에서는 쇠고기와 돼지고기를 8 : 2 비율로 하여 소스를 만들어 사용한다.

베이컨과 버섯을 넣은 크림소스의 카사레체

Casarecce con Pancetta, Funghi e Panna

Casarecce Pasta with Bacon and Mushrooms in Cream Sauce
베이컨과 버섯을 넣은 크림소스의 카사레체

Method

1 베이컨을 0.5cm 정도의 크기로 썰어 놓고, 양송이버섯은 물에 씻지 말고 껍질을 벗겨서 슬라이스해 놓고, 표고버섯은 손질하여 1cm 정도의 크기로 네모나게 썰어 놓는다.
2 양파와 마늘, 실파는 곱게 다져 놓는다.
3 뜨거운 팬에 오일을 두르고 다진 양파와 마늘을 볶은 후, 베이컨과 버섯을 볶는다.
4 화이트 와인과 생크림을 붓고 은근히 끓인다.
5 삶은 카사레체 면을 넣고 섞어주면서 파마산 치즈가루를 넣고 소금으로 간을 하여 완성한다.

Quantity Produced (4portions)

Casarecce Pasta	400g
Olive Oil	50ml
Pork Bacon	200g
Champignon Mushrooms	100g
Black Mushrooms	100g
Onion Chopped	80g
Garlic Chopped	10g
Chive(or Parsley Chopped)	5g
White Wine	40ml
Cream	500ml
Parmesan Cheese	30g
Salt and Pepper Mill	5g

Garnish

Parsley Leaves	4pc
Parmesan Shaving	40g

Check Point

• 소스는 열이 너무 강하면 크림이 분리되므로, 중불에 은근하게 가열하면서 조리해야 한다.
• 소스의 농도에 주의한다.

펜네 아라비아타

Penne all' Arrabbiata

Penne Pasta in Spicy Tomato Sauce
펜네 아라비아타

Method

1 마늘과 홍고추는 다져 놓고, 베이컨도 잘게 다져 놓는다. 뜨거운 팬에 오일을 두르고, 다진 마늘과 베이컨, 홍고추를 넣고 볶는다.
2 토마토 소스를 넣고 끓인다.
3 펜네 면을 끓는 물에 삶아서 아라비아타 소스에 넣고 버무린다.
4 올리브 오일 몬테를 한 후 다진 파슬리를 뿌린다.

Quantity Produced (4portions)

Penne Pasta	400g

Sauce

Olive Oil	50ml
Garlic Chopped	40g
Onion Chopped	60g
Capers	30g
Chilli	3g
Bacon	120g
Tomato Peeled Blended	600g
Parsley Chopped	10g
Salt and Pepper Mill	3g

Garnish

Parsley	10g

Check Point

• 면을 삶을 때 삶기의 정도에 주의한다.
• 모든 재료를 잘게 다져서 만들어야 소스가 펜네 속으로 잘 들어가서 펜네 아라비아타의 맛이 한결 좋아진다.
• 생크림을 약간 넣으면 맛이 부드럽다.

마늘과 고추맛의 스파게티

Spaghetti Aglio, Olio e Peperoncino

Spaghetti with Garlic, Chilli and Extra Virgin Olive Oil
마늘과 고추맛의 스파게티

Method

1 마늘은 슬라이스하고, 홍고추는 씨를 제거한 후 곱게 다진다.
2 뜨거운 팬에 올리브 오일을 두르고 슬라이스한 마늘을 넣어 갈색이 나게 볶은 후, 홍고추도 볶아서 깊은 맛이 나게 한다.
3 삶은 스파게티 면을 넣고 소스의 농도를 조절해 주면서 버무린다.
4 파슬리 다진 것을 넣고 마무리한다.
5 접시에 스파게티를 돌려 말아서 보기 좋게 담아 완성한다.

Quantity Produced (4portions)

Spaghetti Pasta	400g
Olive Oil	160ml
Garlic Sliced	80g
Parsley Chopped	10g
Salt and Pepper Mill	1g
Chilli	2g

Garnish

Parsley Leaves	4pc

Check Point

- 일반적으로 파스타 면은 끓는 물에 12분 정도를 삶으라고 하는데, 12분 삶아서 파스타를 버무리면 완성되는 시간까지는 13분 이상이 걸린다. 왜냐하면 파스타를 버무리는 시간은 사람마다 다르기 때문이다. 그러므로 모든 면을 삶을 때는 완성되기까지의 버무리는 시간을 고려하는 것이 가장 바람직한 파스타 요리법이다.
- 재료와 만드는 방법이 간단하여 쉽게 보이겠지만 올리브 오일과 마늘, 고추의 맛을 잘 살려야 한다.
- 파스타를 넣고 버무리는 소스의 농도와 타이밍이 중요하다.

스파게티 봉골레

Spaghetti alle Vongole in Bianco

Spaghetti with Clams in White Wine Sauce
스파게티 봉골레

Method

1 조개를 깨끗이 씻어서 국물을 만들고, 조개는 건져내어 조갯
  살과 가니쉬용으로 개인당 분리해서 놓는다. 파스타를 볶을
  때 조갯살도 넣고 가니쉬용도 넣어야 접시에 보기 좋게 담을
  수 있기 때문이다.
2 스파게티를 끓는 물에 삶는다.
3 양파와 마늘, 파슬리는 잘게 다져 놓는다.
4 팬에 올리브 오일을 두르고 다진 양파와 마늘을 볶은 후, 조개
  와 육수, 화이트 와인, 바질을 넣고 소스를 만들어 놓는다.
5 삶은 스파게티를 넣고 잘 버무린 다음 간을 하여 다진 파슬리
  를 뿌린다.
6 접시에 버무린 스파게티를 보기 좋게 담고, 조개 5개를 장식
  하여 완성한다.

Quantity Produced (4portions)

Oilve Oil	100ml
Onion Chopped	20g
Garlic Chopped	10g
Clams	1kg
White Wine	200ml
Parsley Chopped	2g
Basil Julienne	2g
Butter	40g
Spaghetti Pasta	360g
Salt and Pepper Mill	3g

Garnish

Parsley Leaves	4pc

Check Point

• 모든 파스타를 사용할 수 있다.
• 조개를 미리 염분이 있는 찬물에 담가 놓으면 모래가 다 빠진다.
• 마늘은 잘게 다져도 좋고, 슬라이스해도 좋다.

스파게티 카르보나라

Spaghetti alla Carbonara

Spaghetti with Bacon in Cream Sauce
스파게티 카르보나라

Method

1 베이컨을 1cm 크기로 네모나게 썰고, 검은 통후추는 으깨서 준비해 놓는다.
2 양파와 마늘, 실파는 곱게 다져 놓는다.
3 뜨거운 팬에 올리브 오일을 두르고, 베이컨을 먼저 볶고 다진 양파와 마늘 순으로 볶는다.
4 통후추를 넣고, 화이트 와인, 생크림을 넣고 은근히 끓인다.
5 끓는 물에 스파게티 면을 삶아서 넣고, 버무리다가 파마산 치즈와 실파 다진 것을 넣고 소금으로 간을 한다.
6 접시에 보기 좋게 버무린 스파게티를 놓고 파슬리로 가니쉬하여 완성한다.

Quantity Produced (4portions)

Spaghetti Pasta	400g

Sauce

Olive Oil	50ml
Pork Bacon	300g
White Wine	160ml
Cream	500ml
Onion Chopped	80g
Garlic Chopped	20g
Chive(or Parsley Chopped)	5g
Parmesan Cheese	30g
Salt and Pepper Mill	5g

Garnish

Chive Chopped	20g

Check Point

- 크림소스는 열이 너무 강하면 크림이 분리되므로, 중불에서 은근히 끓여주어야 한다.
- 셰프의 스타일에 따라서 으깬 통후추를 완성된 스파게티에 뿌려서 제공하는 경우도 있다. 왜냐하면 '카르보나라'는 '석탄'이란 뜻이므로 석탄을 의미하는 유사한 식재료는 검정 통후추이기 때문이다.

링귀니 노베네제

Linguine alla Norvenese

Linguine with Shrimps, Crab Meat in Cream Sauce
링귀니 노베네제

Method

1 뜨거운 팬에 올리브 오일을 두르고, 다진 양파와 마늘을 색깔이 나지 않게 볶는다.
2 새우와 게살을 넣고 더 볶은 후, 화이트 와인과 생크림을 넣고 5분 정도 은근히 끓인다.
3 끓는 물에 링귀니 면을 삶아서 소스에 넣고 간을 한 후, 다진 파슬리를 넣고 잘 버무린다.
4 파스타 접시에 버무린 링귀니 면을 보기 좋게 놓고, 다진 파슬리를 넣어 완성한다.

Quantity Produced (4portions)

Linguine Pasta	400g

Sauce

Olive Oil	50ml
Onion Chopped	50g
Garlic Chopped	10g
Shrimps	120g
Crab Meat	100g
White Wine	40ml
Thyme Leaf	3g
Cream	500ml
Salt and Pepper Mill	3g

Garnish

Chive Chopped	10g

Check Point

- 소스는 열이 너무 강하면 크림이 분리되므로, 중불에 은근하게 가열하면서 조리해야 한다.
- 면을 삶을 때 삶기의 정도에 주의한다.
- 기호에 따라 파마산 치즈를 넣고, 소스의 농도에 주의하여 마무리한다.

바질 페스토 소스의 링귀니

Linguine al Pesto Genovese

Linguine with Basil Pesto and Parmesan Cheese
바질 페스토 소스의 링귀니

Method

1 끓는 물에 링귀니 면을 10분간 삶는다. 일반적으로 10분을 삶아야 최상의 쫄깃한 링귀니 파스타 맛을 느낄 수 있다.
2 팬에 올리브 오일을 두르고 삶은 링귀니 면과 페스토 소스 순서로 넣고, 최대한 빠른 시간에 버무려준다.
3 면 삶은 육수를 약간 넣고, 소스 농도를 조절하여 소금과 후추로 간을 한다.
4 파스타 접시에 버무린 링귀니를 보기 좋게 말아서 바질 잎으로 장식하여 완성한다.

Pesto Sauce

① 바질과 파슬리는 깨끗이 씻어서 물기를 완전히 제거하고, 파슬리는 잎만 따서 놓는다.
② 잣은 손질하여 타지 않게 잘 볶아 놓는다.
③ 믹서기에 올리브 오일을 넣고, 바질, 파슬리, 마늘, 잣 등을 넣고 약간 곱게 간다.
④ 파마산 치즈를 넣고 섞어서 소금으로 간하여 마무리한다.

Quantity Produced (4portions)

Linguine Pasta	400g
Olive Oil	20ml

Pesto Sauce

Basil Leaf	200g
Olive Oil	60ml
Pine Nuts	30g
Garlic	10g
Salt	3g
Parmesan Cheese	20g

Garnish

Basil Leaves	4pc

바닷가재와 표고버섯을 곁들인 페투치니

Fettuccine con Aragosta e Funghi in Salsa Rosata

Fettuccine with Lobster and Mushrooms in Pink Sauce
바닷가재와 표고버섯을 곁들인 페투치니

Method

1. 토마토 소스를 만들어 놓는다(토마토 소스는 211쪽 참조).
2. 핑크소스(Pink Sauce)를 준비한다.
3. 끓는 물에 약간의 소금과 올리브 오일을 넣고 페투치니를 10분 정도 삶는다.
4. 삶은 페투치니를 핑크소스에 넣고 소금과 후추로 간을 하여 잘 버무린다.
5. 접시에 페투치니를 담고 바질 잎을 가니쉬하거나 다진 파슬리를 뿌려서 완성한다.

Sauce

① 양파와 마늘은 곱게 다져 놓고, 표고버섯은 작게 슬라이스한다.
② 뜨거운 팬에 올리브 오일을 두르고 다진 양파와 마늘, 버섯을 볶는다.
③ 바닷가재도 2cm 정도로 썰어 넣어 볶은 후, 브랜디로 플랑베하고, 화이트 와인을 넣는다.
④ 토마토 소스와 조개육수를 넣고 끓인 후, 생크림과 향신료를 넣고 은근히 더 끓인다.

Quantity Produced (4portions)

White Fettuccine	320g

Sauce

Olive Oil	60ml
Onion Chopped	60g
Garlic Chopped	30g
Bay Leaf	3g
Thyme	1g
Basil Julienne	5g
Black Mushrooms	250g
Brandy	20ml
White Wine	20ml
Lobster Cube	350g
Tomato Sauce	600ml
Cream	120ml
Parsley Chopped	5g
Clams Stock	200ml
Salt and Pepper Mill	5g

Garnish

Basil Leaves	4pc

Check Point

- 기호에 따라 파마산 치즈를 뿌려서 제공한다.
- 메뉴만 변경하면 핑크소스를 이용하여 바닷가재 대신 여러 가지 해산물을 넣어도 된다.

해산물 스파게티

Spaghetti del Marinaio

Spaghetti with Seafood in Tomato Sauce and Fresh Herbs
해산물 스파게티

Method

1 끓는 물에 스파게티 면을 넣고, 10분간 삶는다.
2 완성된 해산물 소스에 삶은 스파게티를 넣고 소금과 후추로 간을 하여 버무린다.
3 접시에 스파게티를 담고 바질 잎 또는 다진 파슬리를 뿌려서 완성한다.

Sauce

① 양파와 마늘, 그리고 향신료는 곱게 다져 놓는다.
② 오징어와 새우, 가리비 등은 깨끗하게 손질해서 적당한 크기로 썰어 놓는다. 특히, 조개류는 여러 번 깨끗하게 씻어서 염분이 있는 찬물에 담가 놓아야 좋다. 껍질 안에 모래나 불순물이 있으므로 이를 완전히 제거하기 위함이다.
③ 뜨거운 팬에 올리브 오일을 두르고 다진 양파와 마늘을 볶는다.
④ 해산물을 넣고 볶는데, 조개는 껍질째 볶은 후, 화이트 와인을 넣는다.
⑤ 토마토 소스를 넣고 끓인 후, 향신료를 넣고 은근히 더 끓여서 버터로 소스의 윤기를 낸다.

Quantity Produced (4portions)

Spaghetti	350g

Sauce

Olive Oil	40ml
Garlic Chopped	15g
Onion Chopped	40g
Bay Leaf	1pc
Thyme	2g
Basil Leaves	4ea
White Wine	200ml
Chilli	1g
Calamari	120g
Shrimps	200g
Sea Scallops	240g
Vongole Mosi	500g
Tomato Sauce	600ml
Parsley Chopped	5g
Butter	30g
Salt and Black Pepper	3g

Garnish

Basil Leaves	4pc

Check Point

· 모든 파스타를 사용할 수 있다.
· 조개는 미리 염분이 있는 찬물에 담가 놓으면 모래가 다 빠진다.
· 마늘은 잘게 다지기도 하지만 슬라이스해도 좋다.
· 면을 삶을 때 삶기의 정도에 주의한다.

스파게티 부카니에라

Linguine alla Bucaniera

Linguine with Seafood in Tomato Sauce
스파게티 부카니에라

Method

1 끓는 물에 스파게티 면을 넣고 10분 삶는다.
2 완성된 해산물 소스에 삶은 스파게티 면을 넣고, 소금과 후추로 간을 하여 버무린다.
3 접시 중앙에 버무린 스파게티를 담고, 바질 잎으로 가니쉬하여 다진 파슬리를 뿌려서 완성한다.

Sauce

① 양파와 마늘은 곱게 다져 놓는다.
② 오징어와 새우, 가리비 등은 깨끗하게 손질해서 적당한 크기로 썰어 놓는다. 특히, 조개류는 여러 번 깨끗하게 씻어서 염분이 있는 찬물에 담가 놓아야 좋다. 왜냐하면 껍질 안에 모래나 기타 불순물이 있기 때문에 이를 완전히 제거하기 위함이다.
③ 뜨거운 팬에 올리브 오일을 두르고 다진 양파와 마늘을 볶는다.
④ 해산물을 넣고 볶은 후 화이트 와인을 넣고 조려준다.
⑤ 토마토 소스를 넣고 끓인 후 바질 잎을 넣고 더 은근히 끓여서 버터로 소스의 윤기를 낸다.

Quantity Produced (4portions)

Spaghetti 320g

Sauce

Olive Oil	50ml
Garlic Chopped	30g
Onion Chopped	40g
Basil Leaves	2pc
White Wine	150ml
Calamari	100g
Mussel	12ea
Shrimps	200g
Sea Scallops	160g
Vongole Mosi	120g
Tomato Sauce	400g
Parsley Chopped	5g
Butter	30g
Salt, Ground Black Pepper	

Garnish

Basil Leaves	4pc

Check Point

· 부카니에라(Bucaniera)는 '해적'이란 뜻으로 해산물이 많이 들어간 토마토 소스의 파스타 요리이다. 해산물 특유의 맛과 화이트 와인의 향긋한 맛, 토마토 소스의 달콤한 맛이 조화를 이룬다.
· 모든 파스타를 사용할 수 있다.
· 조개는 미리 염분이 있는 찬물에 담가 놓으면 모래가 다 빠진다.
· 마늘은 잘게 다지기도 하지만 슬라이스해도 좋다.
· 면을 삶을 때 삶기의 정도에 주의한다.

스파게티 칼라브레제

Spaghetti alla Calabrese

Spaghetti with Onion, Ham, Basil in Tomato Sauce
스파게티 칼라브레제

Method

1 마늘과 파슬리는 곱게 다져 놓고, 검정·그린 올리브는 슬라이스해 놓는다. 뜨거운 팬에 올리브 오일을 두르고 다진 마늘과 케이퍼를 볶는다.
2 끓는 물에 스파게티를 넣고 면을 삶는다.
3 나머지 재료를 전부 넣고 버무린다.
4 다진 파슬리를 뿌린다.
5 접시에 스파게티를 놓고 바질 잎으로 장식하여 완성한다.

Quantity Produced (4portions)

Spaghetti Pasta	400g

Sauce

Olive Oil	50ml
Garlic Chopped	30g
Capers	30g
Black and Green Olives Sliced	80g
Basil Julienne	3g
Parsley Chopped	3g
Tomato Sauce	500ml
Salt and Black Pepper	3g

Garnish

Basil Leaves	4pc

Check Point

주의사항

• 면을 삶을 때 삶기의 정도에 주의한다.

시금치와 리코타 치즈를 넣은 토마토 소스를 곁들인 토르텔리니

Tortellini Ripieni di Ricotta e Spinaci con Salsa di Pomodoro

Home Made Tortellini Stuffed with Ricotta and Spinach on Tomato Sauce
시금치와 리코타 치즈를 넣은 토마토 소스를 곁들인 토르텔리니

Method

1 끓는 물에 토르텔리니를 넣고 삶아준다.
2 토마토 소스를 끓여 삶은 토르텔리니를 넣고 버무린다.
3 접시에 토르텔리니를 보기 좋게 놓고 파마산 치즈와 바질로 장식하여 완성한다.

Dough

① 밀가루에 달걀을 깨뜨려서 혼합하여 반죽한다.
② 파스타 기계에 반죽한 도우를 밀어서 얇고 넓게 펴서 알맞은 크기로 잘라 준비해 놓는다.

Stuffing

① 시금치 잎은 끓는 물에 데쳐 손으로 물기를 완전히 짜서 작은 크기로 썰어 놓는다.
② 뜨거운 팬에 오일을 두르고 다진 양파와 마늘을 갈색이 나게 볶아서 시금치와 혼합하여 소금, 후추로 간을 한다.
③ 위의 재료에 리코타 치즈와 파마산 치즈, 육두구, 달걀 노른자를 넣고 섞는다.
④ 잘라 놓은 도우에 속재료인 시금치와 리코타 치즈를 넣고 토르텔리니를 모양 좋게 만든다.

Sauce

① 뜨거운 팬에 다진 마늘과 양파, 당근, 셀러리를 볶은 후, 토마토를 넣고 간을 하여 끓인다.

Quantity Produced (4portions)

Dough

Flour	350g
Eggs	3ea

Stuffing

Olive Oil	20ml
Spinach Leaves	250g
Garlic Sliced	10g
Onion Chopped	20g
Ricotta Cheese	200g
Parmesan Cheese	30g
Nutmeg	1g
Egg Yolks	2ea
Salt and Pepper Mill	3g

Sauce

Olive Oil	30ml
Garlic Chopped	5g
Onion Chopped	30g
Carrot	20g
Celery	10g
Tomato	300g
Tomato Peeled	300g
Basil	5g
Salt and Pepper Mill	2g

Garnish

Basil Julienne	4g
Parmesan Cheese	20g

쇠고기와 닭고기를 넣은 크림소스의 라비올리

Ravioli di Carne alla Crema

Home Made Ravioli Fill with Beef and Chicken in Cream Sauce
쇠고기와 닭고기를 넣은 크림소스의 라비올리

Method

1 라비올리 도우를 준비해 놓는다.
2 얇게 밀어 놓은 도우를 펼친 후 도우에 달걀물을 바르고, 속재료를 파이핑 백에 넣어서 일정한 크기와 간격으로 동그랗게 짜놓고 그 위에 다른 도우를 덮는다. 이때 라비올리 속에 공기가 차 있으면 안 되므로 검지손가락으로 라비올리 가장자리를 눌러주면서 도우가 잘 겹치도록 한다.
3 라비올리를 정사각형으로 자른다.
4 냄비에 물을 끓여서 만들어 놓은 라비올리를 삶는다.
5 팬에 오일을 두르고 다진 양파를 색깔이 나지 않게 볶은 다음, 삶은 라비올리 6개를 넣고 생크림과 화이트 와인, 닭육수를 넣고 간을 하여 잘 버무린다.
6 접시에 라비올리를 놓고 크림소스를 뿌리고 파마산 치즈와 토마토 껍질 튀긴 것, 바질 잎으로 장식하여 완성한다.

Dough

① 밀가루를 고운체에 내린 후 밀가루에 달걀을 깨뜨려 섞은 후 반죽한다.
② 파스타 기계에 반죽한 도우를 얇고 넓게 밀어서 준비한다. 이때 도우가 마르지 않도록 촉촉한 천이나 랩으로 덮어 놓는다.

Stuffing

① 쇠고기와 닭고기는 적당한 크기로 잘라서 곱게 다지거나 0.8~1mm 굵기의 그라운드 기계에 갈아 놓는다.
② 뜨거운 팬에 다진 양파, 마늘, 당근, 셀러리를 넣고 볶은 후 쇠고기와 닭고기도 볶은 다음 식혀서 빵가루와 파마산 치즈, 달걀, 육두구를 넣어 혼합한다.
③ 라비올리에 넣을 내용물을 동그랗게 떼어서, 손바닥에 놓고 경단 모양으로 동그랗게 돌려주면서 만들어 놓는다.

Sauce

① 뜨거운 팬에 오일을 두르고 다진 양파를 볶는다.
② 해산물을 넣고 볶은 후(이때 조개는 껍질째 볶는다), 화이트 와인을 넣는다.
③ 토마토 소스를 넣고 끓인 후, 향신료를 넣고 은근히 더 끓여서 버터로 소스의 윤기를 낸다.

Quantity Produced (4portions)

Dough

White Flour	400g
Eggs	4ea

Stuffing

Beef Sirloin Cube	100g
Chicken Cube	100g
Carrot	40g
Celery	40g
Onion	50g
Garlic	10g
Rosemary	3g
Olive Oil	40ml
Brandy	20ml
Parmesan Cheese	50g
Bread Crumb	100g
Eggs	1ea
Nutmeg	1g
Salt and Black Pepper	5g

Sauce

Olive Oil	40ml
Onion Chopped	80g
Basil Leaves	4pc
White Wine	50ml
Cream	600ml
Parmesan Cheese	80g
Chicken Stock	200ml
Salt and Black Pepper	3g

Garnish

Parmesan Shaving	40g
Tomato Peel Fried	40g
Basil Leaves	4pc

쇠고기 라자냐

Tradizionali Lasagne Verdi

Traditional Meat Lasagna
쇠고기 라자냐

Method

1 라자냐 도우를 끓는 물에 10분 정도 삶은 다음 건져서 찬물이나 얼음물에 식힌다.
2 라자냐 도우를 건져서 물기를 제거하고 원하는 라자냐 오발(Oval) 크기에 맞게 잘라 놓는다.
3 베샤멜 소스와 볼로네이즈 소스를 만들어 준비해 놓는다.
4 오발 용기에 버터를 바르고, 베샤멜 소스를 바닥 전체에 깔리게 뿌린 후 볼로네이즈 소스를 보기 좋게 얹고, 모차렐라 치즈와 파마산 치즈를 뿌린 후, 오발 용기에 맞게 라자냐 도우를 덮는다.
5 반복해서 라자냐 도우 위에 베샤멜 소스를 뿌리고, 볼로네이즈 소스를 뿌리고, 모차렐라 치즈와 파마산 치즈를 뿌리고, 라자냐 도우를 덮는다.
6 위와 같이 같은 방법으로 반복해서 라자냐 도우를 순서대로 3겹으로 덮고 맨 마지막으로 베샤멜 소스를 골고루 바른 후 치즈를 뿌린다.
7 220℃의 예열된 오븐에 라자냐를 넣고 10분 정도 굽는다.
8 오븐에서 꺼낸 라자냐를 서빙그릇에 담아 다진 파슬리를 뿌려서 완성하여 제공한다.

Quantity Produced (4portions)

Butter	30g
Parmesan Cheese	50g
Mozzarella Cheese	30g
Parsley Chopped	5g

Pasta Dough(4인분)

Flour	200g
Egg Yolk	4ea
Spinach Leaf	40g

① 시금치의 잎만 따서 믹서기에 곱게 간다.
② 밀가루에 달걀을 깨뜨려 넣고 반죽을 하면서, 간 시금치를 넣고 10분 정도 반죽한다.
③ 반죽이 다 되면 기계나 밀대를 이용해서 라자냐 도우를 얇게 밀어 완성한다.
④ 라자냐 도우를 직접 만들어 사용해도 되고, 완제품을 구입해서 사용해도 무방하다.

Bechamel Sauce
213쪽 참고

Bolognaise Sauce
217쪽 참고

Check Point

• 오발(Oval)에 버터 → 베샤멜 소스 → 볼로네이즈 소스 → 치즈 → 라자냐 도우를 덮는다.
• 2번 반복해서 베샤멜 소스 → 볼로네이즈 소스 → 치즈 → 라자냐 도우를 덮는다.
• 3번 반복해서 베샤멜 소스 → 볼로네이즈 소스 → 치즈 → 라자냐 도우를 덮고, 베샤멜 소스 → 치즈를 뿌려서 완성한다.

버섯과 해산물을 넣은 카넬로니

Canellone Mare e Monti con Salsa al Grana Padano

Canellone with a Combination of Mushrooms and Seafood Serve with Grana Padano Sauce
버섯과 해산물을 넣은 카넬로니

Method

1 끓는 물에 소금을 넣고, 카넬로니 도우를 10분간 삶은 후 건져서 찬물에 식혀 물기를 완전히 뺀다.
2 도우 시트 위에 준비해 놓은 버섯과 해산물 속을 적당하게 넣고 김밥 말듯이 둘둘 말아서 만든다. 속을 넣을 때에는 패스트리 백을 이용하면 쉽게 만들 수 있다.
3 오발 용기에 소스를 약간 뿌리고, 카넬로니를 놓은 후 그 위에 다시 소스를 뿌린다.
4 200℃로 예열된 오븐에 준비한 오발 용기에 담은 카넬로니를 넣고 25~30분 정도 표면을 노릇노릇하게 굽는다. 이때 파마산 치즈가루를 약간 뿌려서 구워도 좋다.
5 방울토마토나 바질 잎으로 장식하여 완성한다.

Dough

① 밀가루를 고운체에 내린 후 밀가루에 달걀을 깨뜨려 섞어서 반죽을 한다.
② 파스타 기계에 반죽한 도우를 얇고 넓게 밀어서 가로 8cm, 세로 10cm 크기로 잘라서 준비한다. 이때 도우가 마르지 않도록 촉촉한 천이나 랩으로 덮어 놓는다.

Mushroom Stuffing

① 버섯을 적당한 크기로 잘라서 곱게 다지거나 푸드 프로세서(Food Processor) 기계에 거칠게 갈아 놓는다.
② 뜨거운 팬에 오일을 두르고 다진 마늘과 버섯을 볶은 후 베샤멜 소스와 다진 파슬리를 넣고 혼합한다.

Seafood Stuffing

① 해산물은 1cm 크기로 썰어서 준비하고 향신료는 거칠게 다져 놓는다.
② 뜨거운 팬에 오일을 두르고 다진 양파와 마늘을 볶은 후 준비해 놓은 해산물을 넣고 볶는다.
③ 화이트 와인과 생크림과 사프란을 넣고 은근히 끓여서 조린다.
④ 다진 타임과 바질, 파슬리를 넣고 소금과 후추로 간을 하여 완성한다.

Check Point

• 여러 가지 버섯과 해산물이 들어간 카넬로니는 두 가지 맛을 느낄 수 있어서 좋으며, 한 가지의 속을 넣어서 만들어도 무방하다.
• 카넬로니 도우를 삶을 때 도우 시트가 서로 붙는 것을 방지하기 위해서는 뜨거운 물에 시트를 넣을 때 한 장씩 넣는 것이 좋다.
• 라자냐 요리와 함께 오븐에 구워진 소스의 맛이 특별한 요리이다.

Quantity Produced (4portions)

Dough

White Flour	200g
Eggs	2ea

Mushroom Stuffing

Black Mushrooms	100g
Agalic Mushrooms	60g
Porcini Mushrooms	20g
Champignon Mushrooms	100g
Garlic Chopped	10g
Olive Oil	20ml
Salt and Pepper Mill	1g
Parsley Chopped	1g
Bechamel Sauce	50ml

Seafood Stuffing

Shrimps	50g
Lobster	40g
Sea Scallops	40g
Sea Bream	50g
Onion Chopped	10g
Thyme	0.5g
Basil Julienne	2g
Parsley Chopped	1g
Salt and Pepper Mill	1g
Cream	40ml
White Wine	10ml
Saffron	0.5g
Olive Oil	20ml

Sauce

White Wine	200ml
Onion Chopped	10g
Basil Julienne	1g
Parmesan Cheese	200g
Cream	400ml
Salt and Pepper Mill	Some

소스 냄비에 버터를 두르고 다진 양파를 색깔이 나지 않게 볶은 후, 화이트 와인, 생크림, 파마산 치즈, 바질을 넣고 은근히 끓여서 농도를 맞춘다.

쇠고기 소스의 뇨키

Gnocchetti di Patate al Ragu' di Carne

Potatoes Dumpling Served with Meat Sauce and Parmesan Cheese
쇠고기 소스의 뇨키

Method

1 끓는 물에 뇨키를 삶는다.
2 팬에 쇠고기 소스를 넣고 끓인 후, 삶은 뇨키를 넣고 다시 끓여서 소스의 농도를 조절한다.
3 접시에 만든 뇨키를 담고 파마산 치즈를 아주 얇게 밀어서 파슬리와 함께 장식하여 완성한다. 이때 파마산 치즈가루를 뿌려도 무방하다.

Gnocchi

① 감자는 껍질째 삶아서 껍질을 벗기고 뜨거울 때 곱게 으깬다.
② 곱게 으깬 감자에 밀가루, 달걀 노른자, 육두구, 소금, 후추를 넣고 여러 번 치대면서 반죽한다.
③ 뇨키를 가래떡처럼 지름 1cm 정도로 길고 둥글게 반죽하여 적당한 길이(2~3cm)로 자르고, 포크의 날 끝으로 눌러서 모양을 낸다.

Meat Sauce

제9장의 파스타 Bolognaise Sauce(볼로네이즈 소스, 217쪽) 참조

Quantity Produced (4portions)

Gnocchi

Potatoes	500g
White Flour	200g
Egg Yolk	1ea
Nutmeg	1g
Salt and Pepper Mill	2g

Meat Sauce

Carrot Chopped	40g
Celery Chopped	40g
Onion Chopped	50g
Garlic Chopped	10g
Olive Oil	30ml
Tomato Peeled Blended	200g
Rosemary Chopped	1g
Oregano	1g
Red Wine	30ml
Minced Meat	400g
Tomato Paste	20g
Basil Julienne	3g
Salt and Pepper Mill	5g
Chicken Stock	200ml

Garnish

Parsley	10g
Parmesan Shaving	40g

Check Point

• 감자를 삶을 때에는 냄비에 감자가 완전히 잠길 정도로 찬물을 넣는다. 밀가루는 중력분을 사용한다.

토마토를 넣은 해산물 리소토

Risotto di Mare al Pomodoro

Sea Food Risotto in Tomato Sauce
토마토를 넣은 해산물 리소토

Method

1 쌀은 깨끗이 씻어서 물기를 제거하고, 냄비에 버터를 두르고 다진 양파와 마늘을 볶는다.
2 준비해 놓은 해산물을 넣고 볶는다. 이때 해산물을 팬에 따로 볶아 넣어도 된다.
3 백포도주와 육수, 토마토 소스를 넣고 수분이 증발할 때까지 계속 저으면서 끓인다.
4 쌀을 씹어보아 알덴테(Al Dente)로 느껴졌을 때 파마산 치즈를 넣고 섞는다.
5 소금과 후추로 간을 하여 질게 밥을 한 후, 접시에 보기 좋게 담아서 완성한다.

Quantity Produced (4portions)

Rice	320g
Butter	50g
Onion Chopped	60g
Garlic Chopped	20g
Shrimp	320g
Sea Scallops	320g
Squid Rings	160g
Clams	160g
Mussel	160g
Clams Stock	600ml
Tomato Sauce	200ml
White Wine	40ml
Parmesan Cheese	40g
Parsley Chopped	3g
Salt and Pepper Mill	5g

Garnish

Parsley Leaves	4pc

Check Point

- 리소토는 쌀알이 약간 씹히는 죽 같다고 해야 할까요? 쌀알이 푹 퍼지지 않고 씹히는 게 리소토 맛의 비결이다.
- 불리지 않은 쌀을 이용하고 올리브 오일로 볶아야 맛이 있다.
- 쌀이 익을 때까지 계속 저어야 한다.
- 조리시간도 길어 이탈리아에서는 엄마의 정성으로 만드는 음식으로 알려져 있다.
- 리소토 요리는 이탈리아 북부지방과 남부지방의 조리법이 다르다. 즉, 리소토를 만드는 셰프의 출생지역에 따라 북부지방은 생크림을 넣고, 남부지방은 생크림을 안 넣는다. 생크림 사용 유무에 따라 셰프가 어느 지역 사람인지를 알 수 있는 대목이다.

버섯과 새우 리소토

Risotto con Funggi, Gamberi

Mushroom and Shrimp Risotto
버섯과 새우 리소토

Method

1 쌀을 깨끗이 씻어 물기를 제거해 놓고, 양파와 마늘은 곱게 다져 놓는다.
2 양송이버섯은 적당한 두께로 썰어 놓고, 새우는 껍질을 벗기고 꼬리를 제거해 놓는다.
3 냄비에 올리브 오일을 두르고, 다진 양파와 마늘을 볶은 후 쌀을 볶는다. 이때 색깔이 나지 않게 볶아준다.
4 새우와 양송이버섯을 넣고 볶는다.
5 육수를 넣고 냄비의 뚜껑을 덮고, 약불에서 은근히 끓여준다.
6 쌀을 씹었을 때 약간 덜 익은 느낌이 나면 파마산 치즈를 넣고, 소금과 흰 후춧가루로 간을 하여 걸쭉하게 농도를 맞춘다. 이때 리소토의 농도를 잘 맞추어야 하는데 닭육수를 사용한다.

Quantity Produced (2portions)

Rice	100g
Olive Oil	20ml
Onion Chopped	30g
Garlic Chopped	10g
Champignon Mushroom	50g
Shrimp	100g
White Wine	45ml
Parsley Chopped	5g
Parmesan Cheese	30g
Chicken Stock	300ml
Salt	
Ground White Pepper	

Garnish

Basil Leaves	4pc

비트 리소토

Risotto con Barbabietola

Beetroot Risotto
비트 리소토

Method

1 쌀을 깨끗이 씻어 물기를 제거해 놓고, 양파와 마늘은 곱게 다져 놓는다.
2 비트는 껍질을 벗기고, 통째로 삶아서 적당한 크기로 썰어 믹서기에 곱게 갈아 놓는다.
3 냄비에 올리브 오일을 두르고, 다진 양파와 마늘을 볶은 후 쌀을 볶는다. 이때 색깔이 나지 않게 볶아준다.
4 육수를 넣고 냄비에 뚜껑을 덮고, 약불에서 은근히 끓여준다.
5 쌀이 어느 정도 익었으면 갈아 놓은 비트를 넣고 저어준다.
6 쌀을 씹었을 때 약간 덜 익은 느낌이 나면 파마산 치즈를 넣고, 소금과 흰 후춧가루로 간을 하여 걸쭉하게 농도를 맞춘다. 이때 리소토의 농도를 잘 맞추어야 하는데 닭육수를 사용한다.

Quantity Produced (2portions)

Rice	100g
Olive Oil	20ml
Onion Chopped	30g
Garlic Chopped	10g
Beetroot	1/2ea
White Wine	45ml
Parsley Chopped	5g
Parmesan Cheese	30g
Chicken Stock	300ml
Salt	
Ground White Pepper	

Garnish

Basil Leaves	4pc

Check Point

• 루비처럼 붉은 색감과 달콤한 맛을 가진 비트 리소토는 최근 이탈리아 레스토랑 고객들에게 건강식 리소토로 많은 사랑을 받고 있다.

Italian Cuisine

10

CHAPTER

Secondo
Meat

육류 요리

제10장

Secondo(Meat)

육류 요리

이탈리아 사람들은 비만과 성인병을 고려하여 육류의 소비량이 감소하는 추세이며, 생선요리나 파스타, 치즈 등을 선호하고 있다. 육즙이 풍부한 쇠고기는 Toscana 지역에서 유명한 등심요리나 레드 와인을 첨가하여 요리를 많이 하는데, 이때 그릴에 굽거나 육수나 소스를 이용한다.

쇠고기를 만초(Manzo)라고 하는데, 대부분의 유럽 사람들처럼 이탈리아 사람들은 육류를 그대로 숯불에 구워 먹기를 좋아한다. 생후 6~9개월 된 송아지를 비텔로(Vitello)라고 하는데, 송아지고기를 이용한 정강이찜 요리(Osso Buco)나 송아지고기를 육수에 삶아서 참치와 마요네즈로 만든 소스에 곁들여 먹는 요리, 송아지 안심이나 등심을 얇게 썰어서 만든 요리(Veal Scallop), 밀라노식 송아지고기 커틀릿(Veal cutlet)은 전국에서 맛볼 수 있을 정도로 유명하다.

쇠고기는 이탈리아 요리사들이 많이 이용하는 식재료이기도 하지만, 이탈리아의 주요 단백질원은 전통적으로 돼지고기(Pig)와 양고기였다. 저장육류, 햄, 소시지가 과거에는 메인 코스로 자주 등장하였으나, 요즘에는 안티파스토(Antipasto)나 샌드위치의 스터핑 재료 또는 스낵으로 이용되고 있다.

에밀리아로마냐(Emilia-Romagna) 지방만큼 돼지고기를 많이 애용하는 곳도 없다. 특히 이곳은 돼지 뒷다리를 절인 다음 훈연하여 말리면서 숙성시켜 만든 가장 부드러운 프로슈토 햄(Prosciutto Ham)이 유명하다. 볼로냐(Bologna)는 쇠고기와 돼지고기로 만든 요리와 소시지로 유명하다.

양고기는 남부 이탈리아의 주요 육류식품이며 로스트, 브레이즈, 그릴하거나 스튜에 넣으며, 소시지나 파스타 소스에 이용한다.

사프란 리소토를 곁들인 밀라노식 송아지 정강이 요리

Osso Buco alla Milanese con Risotto allo Zafferano

Veal Shank Milanaise Style Served with Saffron Risotto
사프란 리소토를 곁들인 밀라노식 송아지 정강이 요리

Method

1 양파, 당근, 셀러리는 곱게 다지고, 레몬은 껍질을 제스트(Zest)해 놓는다.
2 송아지 정강이에 소금, 후추로 간을 하고 밀가루를 묻힌 다음, 뜨거운 팬에 오일을 두르고 색깔을 낸다.
3 뜨거운 소스팬에 마늘, 양파, 당근, 셀러리를 볶은 후, 레드 와인을 붓고 조려서 스톡, 토마토 소스, 레몬 제스트(Zest)를 넣고 끓인다.
4 끓기 시작하면 색깔을 낸 송아지 정강이를 넣고 2시간 정도 시머링(Simmering) 상태로 소금과 후추로 간을 하여 은근히 끓인다.
5 접시 윗부분에 사프란 리소토를 놓고, 끓인 정강이를 올려놓고, 소스를 얹어준다.
6 다진 파슬리나 향신료, 파마산 치즈 등으로 장식하여 완성한다.

Risotto

① 냄비에 올리브 오일을 두르고, 다진 양파를 볶다가 쌀을 넣고 볶는다. 쌀을 볶을 때 버터를 넣으면 잘 볶아진다.
② 화이트 와인과 사프란, 치킨 스톡을 넣고, 잘 저으면서 밥을 한다.
③ 밥이 다 되면 생크림과 파마산 치즈를 넣고, 소금과 후추로 간하여 제공한다.

Quantity Produced (4portions)

Veal Shank	1.4kg
Onion	60g
Carrot	40g
Celery	40g
Garlic	10g
Bay Leaves	2pc
Rosemary	2g
Lemon Peel	3g
Tomato Peeled	200ml
Olive Oil	80ml
White Flour	30g
Parsley Chopped	5g
Red Wine	200ml
Salt and Pepper Mill	2g
Chicken Stock	1.2ℓ

Risotto

Rice	150g
Onion Chopped	30g
Butter	30g
Parmesan Cheese	30g
Parsley Chopped	2g
Salt and Pepper Mill	3g
White Wine	30ml
Saffron	1g
Green Peas	60g
Cream	20ml
Chicken Stock	300ml

Garnish

Parsley Chopped	10g
Parmesan Shaving	10g

로즈메리 향의 마늘소스를 곁들인 양갈비구이

Costolette d'Agnello al Rosmarino

Grilled Lamb Chops with Rosemary and Garlic Sauce
로즈메리 향의 마늘소스를 곁들인 양갈비구이

Method

1 브로콜리와 콜리플라워는 로즈 모양으로 떼어서 손질하고, 아스파라거스는 껍질을 벗기고, 청경채는 반으로 잘라 모두 뜨거운 물에 삶거나 데친다.

2 감자는 껍질 벗겨 8등분한 뒤 삶아서 팬에 색깔이 나게 볶고, 마늘도 약간 삶아서 색깔이 나게 볶는다.

3 뜨거운 소스팬에 올리브 오일을 바르고, 마늘을 슬라이스해서 볶은 후 적포도주와 브라운 소스, 로즈메리를 넣고 소금, 후추로 간을 하여 버터 몬테를 한다.

4 양갈비는 갈비뼈를 붙여서 손질하고, 올리브 오일에 다진 마늘과 허브를 섞어서 양갈비에 바른 뒤 소금과 후추로 간을 한다.

5 원하는 굽기 정도에 맞게 그릴에 굽는다.

6 접시에 더운 채소를 보기 좋게 놓고, 구운 양갈비를 갈비뼈가 위로 가도록 하여 놓고 마늘소스를 뿌려 완성한다.

Quantity Produced (4portions)

Lamb Chops	800g
Garlic Sliced	10g
Rosemary	3g
Sage	Some
Olive Oil	40ml
Salt and Pepper Mill	3g

Sauce

Olive Oil	40ml
Garlic Sliced	60g
Rosemary	10g
Red Wine	100ml
Demi-Glace	150ml
Butter	20g
Salt and Pepper Mill	3g

Vegetables

Broccoli Rose	4ea
Cauliflower Rose	4ea
Green Asparagus	4ea
Carrot	60g
Bok Choy	200g
Potatoes Wedge	120g
Cherry Tomato	4ea
Mild Garlic Roasted	80g

Garnish

Rosemary	10g

빵가루를 입혀 팬에 구운 쇠고기 커틀릿

Scaloppine alla Milanese

Milanese Beef Cutlets with Lemon
빵가루를 입혀 팬에 구운 쇠고기 커틀릿

Method

1 쇠고기 채끝 등심을 1cm 두께로 썰어서 비닐을 덮고 넓적한 망치(Meat Tenderizer)로 얇고 넓적하게 두드려서 모양 있게 만든다.

2 방울토마토는 껍질을 벗겨 놓고, 브로콜리와 감자는 손질하여 기호에 맞게 다양한 조리법으로 준비해 놓는다.

3 넓적하게 만든 쇠고기 등심 양면에 밀가루를 묻힌 후, 달걀 노른자, 파마산 치즈가루를 섞은 빵가루에 넣고 옷을 입힌다.

4 프라이팬에 버터와 올리브 오일을 함께 넣고, 빵가루를 묻힌 쇠고기 등심을 갈색으로 바삭하게 구워낸다.

5 접시 중앙에 팬에 구운 쇠고기 등심을 놓고, 레몬 조각과 더운 채소를 곁들여 바질 잎으로 장식하여 완성한다.

Quantity Produced (1portion)

Beef Sirloin	120g
Flour	30g
Egg Yolk	2ea
Bread Crumb	50g
Parmesan Cheese	10g
Lemon Wedge	1/6ea
Butter	30g
Olive Oil	30ml
Salt	
Ground White Pepper	

Vegetables

Broccoli Rose	1ea
Cherry Tomato	1ea
Wedge Potato	1ea

Garnish

Fresh Basil Leaf	1ea

Check Point

쇠고기 등심을 바삭바삭하게 구우려면 프라이팬에서 한쪽 면이 완전히 익은 뒤에 뒤집어야 한다. 여러 번 뒤집으면 빵가루를 입힌 쇠고기 등심에 버터 오일이 스며들어 느끼할 수 있다.

적양파와 버섯소스를 곁들인 쇠고기 안심구이

Filetto di Manzo alle Cipolle Rosse e Procini

Grilled Beef Tenderloin with Red Onion and Dried Porcini Mushrooms Sauce
적양파와 버섯소스를 곁들인 쇠고기 안심구이

Method

1 감자는 작은 감자(Baby Potato)를 사용하는데, 껍질째로 동그랗게 썰어서 간을 하여 삶는다.
2 방울토마토는 끓는 물에 데쳐서 껍질을 벗겨 놓는다.
3 쇠고기 안심은 모양을 잘 만들어 표면에 오일을 약간 바르고, 소금과 후추로 간을 한다.
4 숯불 그릴에 쇠고기 안심을 원하는 정도로 굽는다.
5 접시의 삶은 감자를 팬에 버터를 두르고 볶은 후, 다진 파슬리를 뿌려서 감자를 모양 있게 깔고, 그 위에 구운 쇠고기 안심을 놓는다.
6 쇠고기 안심 위에 양파와 버섯소스를 뿌리고, 방울토마토와 세이지를 세 군데로 나누어 보기 좋게 놓아 완성한다.

Sauce

① 적양파는 링으로 얇게 썰어놓고, 버섯은 물에 담가 불려서 물기를 제거해 놓는다.
② 소스팬에 으깬 마늘과 양파링, 버섯을 볶은 후, 적포도주와 브라운소스, 브랜디 순서로 넣고 끓여서 마지막으로 버터로 몬테(Monte)를 한다.

Quantity Produced (4portions)

Beef Tenderloin	700g
Garlic	10g
Olive Oil	30ml
Sage	3g
Rosemary	2g
Salt and Pepper Mill	3g

Sauce

Olive Oil	40ml
Red Onion Rings	200g
Dried Porcini Mushrooms	10g
Sage	3g
Red Wine	100ml
Salt & Pepper Mill	3g
Brandy	30ml
Demi-Glace	100ml

Vegetables

New Potatoes	350g
Olive Oil	30ml
Butter	150g
Parsley Chopped	10g
Cherry Tomatoes	200g
Garlic Sliced	10g
Thyme	3g
Salt and Pepper Mill	2g

Garnish

Sage Leaves	4pc
Parsley Chopped	10g

세이지 향의 로마식 송아지 등심구이

Saltimbocca alla Romana

Roman Style Pan Fried Veal Loin with Sage
세이지 향의 로마식 송아지 등심구이

Method

1 송아지 등심을 각 60g씩 잘라서 비닐을 덮고 납작한 망치 (Meat Tenderizer)로 얇은 두께로 동그랗게 두드려 모양 있게 만든다.

2 얇고 납작하게 두드린 송아지 등심에 세이지 잎을 얹고, 얇게 썬 햄으로 덮은 후 반으로 접어서 이쑤시개로 꿰어 고정시킨다.

3 반으로 접은 송아지 등심에 밀가루를 묻힌다.

4 프라이팬을 가열하여 올리브 오일을 두르고, 송아지 등심을 뒤집어가면서 갈색으로 굽는다.

5 송아지 등심이 다 익으면 꺼낸 후 팬에 남아 있는 육즙에 브라운 소스를 넣고 버터로 몬테(Monte)하여 농도를 조절하여 소스를 만든다.

6 접시에 구운 송아지 등심을 놓고, 더운 채소를 보기 좋게 놓고 소스를 뿌려서 완성한다.

Quantity Produced (1portion)

Veal Loin	120g
Prosciutto Ham	2pc
Sage Leaves	2pc
Dry White Wine	50ml
Flour	15g
Olive Oil	30ml
Hot Vegetables	3 kind
Demi-Glace	15ml
Salt	
Ground Pepper	
Toothpicks	2ea

Vegetables

Asparagus	1ea
Baby Carrot	1ea
Wedge Potato	1ea

Garnish

Basil Leaves	4pc

Check Point

- 로마나(Romana) : 로마 지방식이라는 뜻이다.
- 몬테(Monte) : 서서히 녹여주면서 농도를 조절한다는 뜻이다.
- Hot Vegetables(더운 채소)는 적색, 청색, 백색의 세 종류로 준비하는데, 주로 적색 채소는 당근과 방울토마토, 청색 채소는 아스파라거스와 브로콜리를 백색 채소는 감자와 콜리플라워, 방울양배추 등을 사용한다.

그라파 소스를 곁들인 얇게 저민 송아지 안심요리

Scaloppine al Limone con Grappa

Veal Escalope in Lemon and Grappa Sauce, Served with Steam Vegetables
그라파 소스를 곁들인 얇게 저민 송아지 안심요리

Method

1 브로콜리는 로즈 모양으로 떼어서 손질을 하고, 아스파라거스는 껍질을 벗기고, 청경채는 반으로 잘라서 모두 뜨거운 물에 삶거나 데친다.

2 호박은 어슷썰기를 하여 그릴에 굽고, 방울토마토는 뜨거운 물에 데쳐서 껍질을 벗긴다.

3 레몬은 웨지 모양으로 6등분하여 썰어서 손질한다.

4 송아지 안심 150g을 50g씩 3개로 잘라서 비닐이나 천으로 싸서 약간 얇게 두들겨 세이지 잎을 다져서 얹고, 소금과 후추로 간해 놓는다.

5 뜨거운 팬에 오일을 두르고 송아지 안심에 밀가루를 묻혀서 굽는다.

6 그라파 와인을 약간 조려서 버터를 넣고 몬테하여 소금과 후추로 간을 한다.

7 접시에 더운 채소를 놓고, 송아지 안심을 보기 좋게 놓고, 소스를 뿌려 완성한다.

Quantity Produced (1portion)

Veal Escalope Tenderloin	600g
Olive Oil	40ml
Onion Chopped	50g
Garlic	20g
Grappa	30ml
White Wine	50ml
Chicken Stock	50ml
Lemon Juice, Fresh	30ml
Flour	20g
Butter	10g
Sage Leaves	2pc
Salt and Black Pepper	5g

Vegetables

Zucchini	60g
Broccoli	80g
Asparagus	60g
New Pine Mushroom	120g
Cherry Tomato	80g
Lemon Wedges	4ea

Check Point

• 식후주인 그라파는 화이트 와인 종류이다.

으깬 감자와 피망볶음을 곁들인 쇠고기 등심구이

Lombata di Manzo al Porto con Purè di Patate

Grilled Sirloin with Port Wine Sauce, Served with Mash Potatoes and Capsicum
으깬 감자와 피망볶음을 곁들인 쇠고기 등심구이

Method

1 쇠고기 등심에 다진 마늘과 허브를 바르고 소금과 후추로 간을 한다.
2 그릴에 원하는 굽기에 맞게 쇠고기 등심을 굽는다.
3 접시에 매시트한 감자와 볶은 피망을 놓고, 구운 쇠고기 안심에 포트와인 소스를 뿌려서 로즈메리로 장식하여 완성한다.

Port Wine Sauce

① 뜨거운 팬에 올리브 오일을 두르고 다진 양파와 마늘을 볶는다.
② 포트와인과 발사믹 식초, 데미글라스, 설탕, 세이지를 넣고 끓여서 거른다.

Mashed Potatoes

① 감자를 삶아서 매시트(Mashed)하여 우유와 생크림, 파마산 치즈를 넣고 간하여 잘 혼합한다.

Capsicum

① 피망은 4cm 정도의 크기로 보기 좋게 썰고, 마늘은 슬라이스한다.
② 뜨거운 팬에 오일을 두르고 위의 채소와 타임을 넣고 볶아서 간을 한다.

Quantity Produced (4portions)

Sirloin	720g
Olive Oil	30ml
Garlic Sliced	20g
Rosemary	5g
Thyme	2g
Sage	1g
Salt and Pepper Mill	3g

Port Wine Sauce

Olive Oil	20ml
Onion Chopped	30g
Garlic Chopped	10g
Port Wine	100ml
Sage	2g
Balsamic Vinegar	20ml
Sugar	10g
Demi-Glace	160ml
Salt and Pepper Mill	3g

Mashed Potatoes

Butter	8g
Potatoes Boiled	200g
Milk	30ml
Fresh Cream	20ml
Parmesan Cheese	5g
Salt and Pepper Mill	1g

Capsicum

Olive Oil	30ml
Red · Yellow · Green Capsicum	200g
Garlic Sliced	20g
Thyme	5g
Salt and Pepper Mill	3g

Garnish

Rosemary Leaves	4pc
or Thymes	4pc

닭고기 카차토레

Pollo alla Cacciatora

Chicken Cacciatora
닭고기 카차토레

Method

1 닭 가슴살과 다리는 뼈를 제거한 후, 소금과 후추로 간하여 밀가루를 묻혀 준비한다.

2 양파는 Dice(2cm) 크기로 네모나게 썰고, 마늘과 검정 올리브는 얇게(Sice) 썰고, 양송이버섯은 4등분하여 썰어 놓는다.

3 판체타는 잘게 썰어 놓고, 당근과 셀러리는 껍질을 벗기고, 얇은 두께로 길게 썰어서 데쳐 놓는다. 이때 판체타의 대체 재료로 베이컨이나 삼겹살을 사용하는 경우도 많다.

4 프라이팬에 올리브 오일을 두르고, 밀가루에 묻힌 닭고기를 넣고 표면만 연한 갈색으로 구워 놓는다.

5 냄비에 올리브 오일을 두르고 판체타, 양파, 마늘 순서로 넣고 볶은 후 검정 올리브를 넣고 더 볶아준다.

6 팬에 구운 닭고기를 넣고, 화이트 와인을 넣어 잡냄새를 제거해 주고, 육수와 월계수 잎을 넣고 끓인다. 이때 육수의 양을 잘 조절한다.

7 닭고기가 반 정도 익었으면 토마토 소스를 넣고 은근히 더 끓여서 익힌다.

8 스파게티를 삶아서 프라이팬에 버터를 두르고, 데친 당근과 셀러리를 넣고 살짝 볶는다.

9 접시 중앙에 볶은 스파게티를 놓고, 그 위에 끓인 닭고기와 소스를 얹고, 다진 파슬리를 뿌려 완성한다.

Quantity Produced (1portion)

Chicken Breast & Leg	1pc
Hard Flour	10g
Olive Oil	30ml
Pancetta	15g
Onion	1/4ea
Garlic Cloves	3ea
Champignon Mushroom	3ea
Black Olive	15g
White Wine	35ml
Tomato Sauce	100ml
Chicken Stock	60ml
Bay Leaf	1pc
Spaghetti	15g
Carrot	10g
Celery	10g
Parsley	5g
Salt	
Ground White Pepper	

Garnish

Basil Leaves	4pc

Check Point

- 판체타(Pancetta)는 이탈리아의 소금에 절인 돼지고기 삼겹살을 말한다.
- 카차토레(Cacciatore)는 이탈리아어로 사냥꾼을 뜻한다. 사냥꾼들이 간소하고 투박하게 만들어서 먹던 음식으로, 꿩이나 사슴, 토끼를 수렵할 수 있는 기간이 제한됐던 옛날에 사냥꾼의 집에 찾아온 손님을 굶주리게 할 수 없어 사냥꾼의 아내가 꿩 대신 야생 닭을 이용해 요리를 만들어주었다는 일화에서 유래되었다고 한다.
- 카차토레는 우리나라의 닭볶음탕과 유사한데, 이탈리아식 닭볶음탕이라고 할 수 있다.
- 이탈리아 가정에서는 닭의 뼈를 제거하지 않고 토막내어 조리하는데, 호텔 및 고급 레스토랑에서는 음식을 먹을 때 불편하기 때문에 뼈를 제거한다.
- 곁들여지는 파스타는 짧은 종류의 파스타와 긴 종류의 파스타 중에서 기호에 맞게 파스타를 선택하여 사용하면 되고, 소스가 걸쭉해서 닭고기도 먹고 소스를 파스타에 비벼서 먹으면 좋다.

Salsa Marrone

Brown Sauce
브라운 소스

Method

1 쇠고기는 적당한 크기로 잘라서 준비해 놓고, 미르푸아(양파, 당근, 셀러리)는 네모나게 작게 썰어 놓는다.
2 예열된 오븐에 소뼈를 갈색으로 구워 놓고, 프라이팬에 미르푸아를 넣고 소테(Sauted)한 후에 토마토 페이스트를 넣고 더 볶아서 준비해 놓는다.
3 스톡 냄비에 구운 소뼈와 미르푸아, 페이스트를 넣고, 물을 붓고 강불에 끓여준다.
4 거품을 제거해 주면서 시머링(Simmering) 상태로 95℃의 중불에서 2시간 정도 은근히 끓여준다.
5 끓인 브라운 스톡을 고운체에 거른다.
6 소스팬에 버터를 넣고 녹인 후, 밀가루를 넣고 갈색으로 볶아서 브라운 루(Brown Roux)를 만든다.
7 브라운 스톡을 넣고 은근히 더 끓여서 고운체에 거른다.
8 버터를 작게 썰어서 넣고, 농도를 맞춘다. 이러한 조리과정을 '리에종'이라고 한다.
9 브라운 소스를 완성한다.

Quantity Produced (1.5kg)

Beef Bones	6kg
Mirepoix(Onion, Carrot, Celery)	2kg
Garlic Clove	8ea
Tomato Paste	100g
Tomato Whole	2ea
Red Wine	450ml
Bay Leaves	2ea
Black Peppercorn	10g
Thyme	3g
Basil	3g
Parsley	5g
Water	13ℓ
Flour	100g
Butter	150g
Olive Oil	50ml

Check Point

① ② ③ ④ ⑤

⑥ ⑦ ⑧ ⑨ ⑩

Italian Cuisine

11

CHAPTER

Pesce
Fish
생선요리

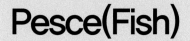

제11장

Pesce(Fish)

생선요리

우리나라와 같이 삼면이 바다로 둘러싸인 이탈리아 반도는 어선이 바다를 향해 출항할 수 있는 거대한 부두처럼 지중해로 뻗어 있다.

내륙지방에도 아르노(Arno)강 등지에서 많은 민물고기가 잡힌다. 해수어 또는 담수어를 불문하고 이탈리아 사람들은 자기 지역에서 잡은 신선한 생선만을 사용하여 비교적 간단한 요리법으로 조리한다. 아드리아해(Adriatic Sea)의 생선을 최고로 평가하지만 조리법은 지중해 쪽이 더 발달하였다.

고대로부터 이탈리아 반도의 사람들은 풍부한 양질의 물이 제공하는 혜택을 누려왔다. 식탁에 가장 많이 오르는 해산물은 칼라브리아(Calabria)와 시칠리아(Sicilia)로 흐르는 곳에서 잡히는 황새치(Pesce spada)와 참치(Tonno)이다. 이러한 생선의 맛은 단순히 그릴링해도 좋으나, 남부지역의 올리브, 아몬드, 케이퍼, 토마토, 가지 (Aubergines) 등의 맛과 아주 잘 어울린다. 이탈리아에서 유명한 또 다른 생선류는 황금색 머리 도미(Orata), 아귀(Pescatrice나 Rospo), 아드리아해의 넙치(Sogliola)와 농어(Branzino)이다. 오늘날 참치 카르파초(Tuna Carpaccio)와 같이 날것으로 제공 되는 것도 있다.

이탈리아 어부들은 '작은 또는 소형 어선'이라는 의미를 가진 파란차(Paranza)를 어획하고 있다. 이 생선은 모양이 예쁘지도 않으며, 요리하기도 쉽지 않지만, 깨끗 하고 신선한 상태로 튀김옷을 입혀 올리브 오일에 튀기면, 다른 생선과 같은 맛을 낼 수 있다.

갑각류 중 바닷가재(Aragosta) 요리는 일반적으로 이탈리아 고유 음식으로 생각하 지 않는다. 사르데냐(Sardegna)의 서해안에서 잡히는 랍스터를 삶거나 날것으로 하 여 스페인산 레드어니언(Red onion), 오렌지와 올리브 오일, 또는 채소소스를 이용 하면 훌륭한 요리를 만들 수 있다. 풀리아(Puglia) 지방에서는 날것으로 또는 구워 먹 거나 파스타 소스의 재료로 이용하는 굴(Oyster)을 대량으로 생산하고 있다. 베네치 아인들은 거미게(Granseole)를 선호하고, 트리에스테인들은 맛조개(Arselle)를 먹고, 리구리아인들은 홍합(Muscoli)을 좋아하며, 나폴리인들은 짧은 모시조개(Vongole Veraci)를 좋아한다.

새우(Prawn)의 크기는 다양하여, 크기별로 잔새우, 중하와 대하로 나뉜다. 참새우 (Scampi)는 Crayfish(가재)와 랑구스틴(Langoustine, 왕새우)을 함께 아우르는 용어 이다. 가리비(Scallops, Capesante)는 폭넓게 이용되지는 않지만 현재 많은 인기를 얻고 있다.

작은 문어(Polipo, Octopus)는 토마토·블랙페퍼와 함께 요리하거나, 삶아서 감자 와 함께 제공되기도 하며, 오징어의 인기는 꾸준하다. 다른 국가의 국민들은 오징어

먹물로 만들어진 블랙 파스타를 구입하지만, 이탈리아인들은 보통의 파스타 위에 오징어 먹물로 만든 소스를 얹어 먹기를 좋아한다.

가장 인기 있는 생선은 이탈리아에서 생산되는 것은 아니지만 대구(Cod)요리일 것이다. 르네상스 이후, 이탈리아 항해사들은 북유럽으로부터 햇볕에 말린 대구(Stoccafisso)와 가염 건조시킨 대구(Baccala)를 가지고 돌아왔다. 이것을 물에 불려 요리하기 알맞게 준비되면 다양한 방법으로 요리했는데, 베네토(Veneto)에서는 우유를, 리구리아(Liguria)는 허브와 올리브를 넣어 조리하였고, 대부분의 해안가 주변 주민들은 잘게 부수어 요리했다. 최근 새롭게 인기를 끄는 생선은 이탈리아인들이 자신들의 고유 음식에 많이 사용하는 수입생선으로 연어이다.

이탈리아의 강이나 호수에서는 송어(Trout), 바다연어(Salmon trout, Trota salmonata), 농어(Perch)가 생산된다.

에밀리아로마냐(Emilia-Romagna) 지방에서 인기 있는 생선은 포(Po)강에서 잡히는 철갑상어(Sturgeon)이다. 철갑상어를 날것으로 그릴에 구워 올리브 오일을 끼얹는 요리를 즐기며, 캐비아(Caviar)를 얻기 위해 알을 조심스럽게 빼낸다. 고대에는 캐비아의 절묘한 맛을 몰랐기 때문에, 이탈리아의 유대인들만이 오로지 캐비아를 소비했다고 한다.

이탈리아 해산물 요리의 특징 중 하나는 바다의 향취를 물씬 느낄 수 있다는 것이다. 이탈리아인들은 생선을 통째로 요리하기를 좋아하며, 그날 잡은 생선으로 만든 생선수프(Zuppa di Pesce)를 제외하면, 대부분 요리법이 간단하다. 소금에 절인 대구(Baccala)요리는 전국적으로 매우 인기 있다.

비옥한 토질의 북쪽 지방보다 해산물이 풍부한 남쪽 지방 사람들은 해산물에 많이 의존하고 있다. 각 어촌마다 프랑스 해산물 수프의 일종인 부야베스(Bouillabaisse)와 유사한 생선수프(Fish Soup)가 있다. 즉 제노바(Genova)의 부리다(Burrida), 마르케(Marche), 아브루초(Abruzzo)의 브로데토(Brodetto), 시칠리아(Sicilia)의 카솔라 (Casola), 풀리아(Puglia) 등지에서 만들어 먹는 유명한 이탈리아 해산물 수프 '주파 디 페셰(Zuppa di Pesce)'가 바로 그것이다.

나폴리식 홍합요리

Cozze alla Napoletana

Napolitan Style Mussels
나폴리식 홍합요리

Method

1 홍합에 붙어 있는 불순물을 제거하고, 홍합을 흐르는 물에 깨끗이 씻어 물기를 제거해 놓는다.
2 양파와 마늘은 곱게 다져 놓고, 대파는 얇고 동그랗게 채썰어 놓는다.
3 파슬리는 조금 거칠게 다져 놓는다.
4 토마토는 뜨거운 물에 담갔다 식힌 후 껍질을 벗기고, 씨를 제거하여 1cm 정도로 네모나게 썰어 놓는다.
5 소스팬을 뜨겁게 가열하여 올리브 오일을 두르고, 다진 양파와 마늘, 대파 순서로 소테한다.
6 씻어 놓은 홍합을 넣고, 화이트 와인과 토마토를 넣고 뚜껑을 덮어 4분 정도 끓여서 익힌다.
7 홍합이 다 익으면 뚜껑을 열고, 다진 파슬리를 뿌려서 소금, 후추로 간을 한다.
8 오목한 접시에 홍합을 보기 좋게 담는다.
9 홍합 국물을 뿌린 후 이탤리언 파슬리 잎으로 장식하여 완성한다.

Quantity Produced (4portions)

Mussels	2.5kg
Olive Oil	15ml
Onions Finely Chopped	2ea
Garlic Clove Finely Chopped	1ea
Leek Cut into Rings	1ea
Tomatoes	500g
White Wine	1ℓ
Parsley Finely Chopped	15g
Salt	
Ground White Pepper	

Garnish

Italian Parsley Leaves	20g

Check Point

• 접시에 홍합을 담을 때는 껍질이 붙어 있는 홍합과 껍질을 제거한 홍합살의 비율을 2 : 1로 담으면 보기에도 좋고, 먹기에도 편리하다.
• 시원한 맛을 증가시키기 위해서는 토마토를 콩카세하여 넣으면 좋다.
• 나폴리식 해산물 요리는 홍합 이외에 굴, 가리비, 조개류 등을 이용하여 만든다.

마늘향의 스파게티를 곁들인 농어구이

Brnazino alla Grglia con Salsa Fresca al Brandy su Spaghetti Aglio e Olio

Grilled Sea Bass with Virgin Olive Oil Flavoured with Herbs and Brandy, Served on Spaghetti
마늘향의 스파게티를 곁들인 농어구이

Method

1 농어는 150g으로 잘라서 올리브 오일과 허브를 바르고 소금과 후추로 간해 놓는다.
2 브로콜리는 로즈 모양으로 자르고, 아스파라거스는 껍질을 벗겨 손질하여 끓는 물에 삶는다.
3 접시 아랫부분에 구운 농어를 놓고, 스파게티를 보기 좋게 놓는다.
4 브로콜리와 아스파라거스도 보기 좋게 놓는다.
5 허브 오일소스를 구운 농어에 뿌리고, 타임으로 가니쉬하여 완성한다.

Sauce

① 샬롯과 마늘, 피망, 방울토마토는 0.5cm 정도의 크기로 다져 놓고, 허브는 곱게 다져 놓는다.
② 팬에 적당량의 오일을 두르고 샬롯, 마늘, 피망을 넣어 볶은 후 토마토를 넣고 한번 더 볶는다. 이때 허브와 브랜디를 넣고 한번 더 볶는다.
③ 나머지 오일을 넣고 간을 하여 완성한다.

Spaghetti

① 스파게티는 알단테로 삶아 놓고, 마늘과 건고추는 슬라이스해 놓는다.
② 파슬리는 곱게 다져 놓는다.
③ 팬에 오일을 두르고, 마늘과 건고추를 볶은 후, 삶은 스파게티를 넣고 볶는다.
④ 다진 파슬리를 넣고 간을 하여 완성한다.

Quantity Produced (1portion)

Sea Bass	150g
Olive Oil	8ml
Thyme	1g
Garlic Sliced	5g
Broccoli Rose	1ea
Cauliflower Rose	1ea
Asparagus	1ea
Cherry Tomato	1ea
Fresh Thyme	1pc
Salt and Pepper Mill	1g

Sauce

Virgin Olive Oil	25ml
Shallot Chopped	10g
Garlic Chopped	2g
Brandy	10g
Yellow · Green Capsicum Diced	10g
Cherry Tomato Diced	10g
Thyme Leaf	0.5g
Tarragon Dry	0.5g
Basil Julienne	2g
Salt and Pepper Mill	1g

Spaghetti

Olive Oil	20ml
Garlic Sliced	20g
Chilli Dry	2g
Salt and Pepper Mill	1g
Parsley Chopped	2.5g
Spaghetti	30g

Salmone alla Vodka e Aneto

Grilled Salmon with Vodka and Dill Sauce
보드카향의 딜소스를 곁들인 연어구이

Method

1 마늘과 타임은 곱게 다져서 올리브 오일에 넣고 혼합하여 연어에 바른 후, 소금과 후추로 간을 한다.
2 숯불 그릴에 연어를 타지 않게 굽는다. 숯불 그릴이 없으면 뜨거운 팬에 구워도 된다.
3 홍피망은 0.5cm 크기로 네모나게 썰어 놓는다.
4 접시 중앙에 원형으로 된 몰드를 깔고 그 안에 볶은 시금치를 채우고, 구운 연어를 얹어 놓는다.
5 딜 크림소스를 연어 가장자리에 뿌리고 그 위에 썰어 놓은 홍피망을 보기 좋게 뿌린 후 딜을 가니쉬하여 완성한다.

Sauce

① 뜨거운 팬에 다진 양파를 넣고 색깔이 나지 않게 볶은 후, 타라곤과 월계수 잎, 보드카를 넣고 조린다.
② 생크림을 넣고 소금과 후추로 간을 하여 고운체에 거르고 곱게 다진 딜을 넣고 섞어서 소스를 완성한다.

Vegetables

① 마늘은 다져 놓고, 시금치는 잎만 따서 깨끗한 물에 씻어서 물기를 빼서 준비해 놓는다.
② 뜨거운 팬에 오일을 두르고 다진 마늘을 볶은 후, 시금치 잎을 볶아서 종이 냅킨을 깔고 물기를 제거해 놓는다.

Quantity Produced (1portion)

Salmon	150g
Olive Oil	8ml
Garlic Clove	1ea
Thyme	1g

Sauce

Olive Oil	10ml
Onion Chopped	10g
Tarragon Dry	0.5g
Vodka	50ml
Bay Leaf	1pc
Cream	50ml
Salt and Pepper Mill	1g
Dill Chopped	2g

Vegetables

Garlic Chopped	10g
Spinach Leaf	40g
Olive Oil	10ml
Salt and Pepper Mill	0.5g

Garnish

Red Capsicum	15g
Dill Leaves	4pc

가지와 피망으로 속을 채워 구운 광어

Ippoglosso di Melanzane e Salsa alla Peperoni

Halibut with Eggplant and Red Paprika
가지와 피망으로 속을 채워 구운 광어

Method

1 홍피망은 가스 불에 껍질을 태워서 벗긴다.
2 가지는 소금과 후추로 간을 하여 그릴에 굽는다.
3 뜨거운 팬에 오일을 두르고, 다진 양파를 볶다가 껍질을 벗겨 잘게 썬 가지를 넣고 볶는다.
4 얇게 반으로 편 광어 살에 간을 하여, 껍질 벗긴 홍피망을 깔고, 볶은 양파와 가지를 넣고 동그랗게 만 후, 호일로 싸서 팬에 굽는다.
5 소스팬에 화이트 와인을 넣고 조린 후 레몬즙을 넣고, 버터로 몬테하여 소스의 농도를 맞춘다.
6 접시에 구운 가지를 동그랗게 돌려가면서 깔고, 구운 광어를 보기 좋게 반으로 잘라서 중앙에 놓고, 레몬소스와 토마토 콩 카세를 뿌려 완성한다.

Quantity Produced (1portion)

Halibut Fillet	100g
Red Paprika	1ea
Onion	1/4ea
Eggplant	40g
Zucchini	40g
White Wine	50ml
Butter	30g
Fresh Lemon Juice	5ml
Italian Parsley	3g
Salt and Pepper Mill	Some

Garnish

Chervil Leaves	4pc

Italian Cuisine

12

CHAPTER

Dolce
Dessert
디저트

제12장

Dolce(Dessert)

디저트

이탈리아 요리에서 후식으로 제공되는 것에는 각종 패스트리(Pastry), 커스터드 크림(Cream and Custard), 크레이프(Crespelle, Crepes), 과일류(Fruit Fried in Butter), 수플레(Budini, Souffle), 머랭(Meringue) 등이 있다.

최근까지 이탈리아 식사는 이와 같은 디저트(Dolce)로 끝내기보다는 과일(La Frutta)을 선택했다. 과일은 특유의 향이 풍부하고 맛이 절정에 달한 잘 익은 것을 골라 식사 후에 먹는다. 여름에는 얼음물에 과일을 넣어 시원하게 냉각시켜 제공하면 맛과 향을 더욱 만끽할 수 있다. 겨울철에 생산되는 시칠리아의 붉은 오렌지(Blood Orange, Sanguigni)는 전국적으로 소비된다.

예전에는 식사와 별도로 따로 먹거나 보통 점심에 차나 커피와 같이 먹었던 크로스타타(Crostata, Jam Tart), 땅콩케이크, 베이킹한 과일 타르트(Fruit Tart), 아이스

크림과 커스터드 등과 같은 디저트류를 요즘에는 다른 나라 식문화의 영향으로 식사에 포함시키게 되었다. 물론 아이스크림과 그라니타(Granita, 과일이나 커피 맛의 얼음)는 이탈리아에서 매일 먹는 디저트이지만 반드시 제공되는 것은 아니다.

이탈리아 음식 조리사와 마찬가지로 이탈리아에서 디저트를 만드는 사람들은 좋은 재료 및 끊임없는 노력과 영감을 통해 국내는 물론이고 해외의 기술을 접목시켜 새로운 디저트를 계속해서 만들고 있다.

레몬 그라니타

Granita di Limone

Lemon Granita
레몬 그라니타

Method

1 레몬 한 개는 깨끗이 씻어서 그레이터(Grater)로 껍질 부분을 그레이트하여 준비해 놓는다.
2 소스용 냄비에 물을 붓고 설탕과 그레이트한 레몬 껍질을 넣어 설탕이 완전히 녹게 끓인 후 식힌다.
3 레몬주스를 넣어 납작한 용기에 붓고 냉동고에서 3~4시간 정도 얼린다.
4 얼음이 된 레몬 그라니타를 질감이 부드럽게 하기 위해서 냉장고에 15분 정도 넣어둔다. 왜냐하면 냉장고에서 얼음상태의 질감이 부드럽게 되어야 스푼으로 잘 긁어지기 때문이다.
5 작은 용기에 담아 민트 잎으로 장식하여 완성한다.

Quantity Produced (20portions)

Water	450ml
White Sugar	115g
Fresh Lemon Juice	250ml
Grated Rind of Lemon	1ea

Garnish

Fresh Mint Leaves	20pc

Check Point

• 레몬을 반으로 잘라서 레몬즙을 사용하고, 껍질을 이용하여 레몬 안을 깨끗이 정리하여 레몬 그라니타를 담아서 제공하면 좋다.
• 맛의 기호도에 따라 레몬, 오렌지, 귤, 자몽 등 여러 종류의 과일을 이용하면 좋다.

오렌지 그라니타

Granita di Arancia

Orange Granita with Mint
오렌지 그라니타

Method

1 오렌지 반 개는 깨끗이 씻어서 그레이트(Grated)해 놓는다.
2 귤 한 개는 깨끗이 씻어서 믹서기에 곱게 갈아 놓는다.
3 소스용 냄비에 물을 붓고 설탕을 넣어 설탕이 완전히 녹게 끓인 후 식힌다.
4 오렌지 주스와 그레이트해 놓은 오렌지, 곱게 간 귤을 넣어서 납작한 용기에 붓고, 냉동고에서 3~4시간 정도 얼린다.
5 얼음이 된 오렌지 그라니타의 질감을 부드럽게 하기 위해 냉장고에 15분 정도 넣어둔다. 왜냐하면 냉장고에서 얼음상태의 질감이 부드럽게 되어야 스푼으로 잘 긁어지기 때문이다.
6 작은 용기에 담아 민트 잎으로 장식하여 완성한다.

Quantity Produced (20portions)

Fresh Orange	1/2ea
Fresh Orange Juice	250ml
Water	450ml
White Sugar	100g
Grated Rind of Mandarin	1ea

Garnish

Fresh Mint Leaves	20pc

Check Point

• 맛의 기호도에 따라 레몬, 귤, 자몽 등 여러 종류의 과일을 이용하면 좋다.

커피와 브랜디향의 푸딩

Panna Cotta Bigusto con Panna

Combination of Coffee and Brandy Pudding Served with Whipped Cream
커피와 브랜디향의 푸딩

Method

1 커피 푸딩과 브랜디 푸딩을 확인하여 잘 굳었으면 원형 몰드에서 꺼낸다.
2 커피 푸딩과 브랜디 푸딩을 각각 어슷하게 썰어서 커피 푸딩 위에 브랜디 푸딩을 얹어서 모양 있게 손질하여 만든다.
3 접시 중앙에 커피와 브랜디 푸딩을 놓고, 패스트리 백에 담은 휘핑크림을 보기 좋게 짠다.
4 키위와 수박, 파인애플, 멜론, 딸기, 체리 등을 이용하여 모양 있게 푸딩 가장자리에 돌려 놓는다.
5 코코아가루를 고운체에 담아서 휘핑크림을 기준으로 일직선으로 뿌린 후 민트 잎으로 장식하여 완성한다.

Coffee Pudding

① 생크림과 에스프레소 커피, 설탕을 넣고 10분 정도 은근히 끓인다.
② 찬물에 불린 젤라틴 시트를 넣고 잘 섞어 녹인 후 식힌다.
③ 원형 몰드(Mould)에 담아 냉장고에서 3시간 정도 굳힌다.

Brandy Pudding

① 생크림과 우유, 브랜디, 설탕을 넣고 은근히 끓인다.
② 찬물에 불린 젤라틴 시트를 넣고 잘 섞어 녹인 후 식힌다.
③ 원형 몰드(Round Mould)에 담아 냉장고에서 3시간 정도 굳힌다.

Quantity Produced (6portions)

Coffee Pudding

Cream	270ml
Espresso Coffee	70ml
Gelatine Sheet	4g
Sugar	35g

Brandy Pudding

Cream	130ml
Milk	10ml
Brandy	30ml
Gelatine Sheet	2g
Sugar	15g

Garnish

Whipping Cream	150g
Pineapple	150g
Kiwi	200g
Strawberry	150g
Cherry	4ea
Fresh Mint Leaves	6pc
Cocoa Powder	10g
Chocolate Decoration	4ea

티라미수 치즈케이크

Tiramisu

Traditional Mascarpone Cheese Cake
티라미수 치즈케이크

Method

1 믹싱볼에 달걀 노른자와 설탕을 넣고 휘퍼로 젓는다.
2 마스카르포네 치즈를 말랑하게 녹여서 럼, 리큐르를 넣고 다시 연한 노란색이 될 때까지 휘퍼로 저어준다.
3 다른 믹싱볼에 생크림을 넣고 휘퍼로 저어서 휘핑크림을 만든다.
4 달걀 흰자도 휘퍼로 저어서 위의 재료를 모두 섞는다.
5 에스프레소 커피를 진하게 만들어서 카스텔라를 적신다. 카스텔라 대신 사보이아르디 비스킷을 사용하는 경우도 많다.
6 티라미수 담을 용기에 혼합한 마스카르포네 치즈를 깔고, 그 위에 카스텔라를 얹고, 반복하여 덮은 다음 코코아가루를 뿌린다.
7 수박과 키위, 파인애플, 체리 등을 냉장고에 보관하였다가 함께 서브한다.

Quantity Produced (6portions)

Mascarpone Cheese	250g
Eggs	3ea
Sugar	100g
Castella(or Savoiardi Biscuit)	100g
Espresso Coffee	80ml
Chocolate Powder	50g
Amaretto Liquor	20ml
Rum Dark	10ml
Chocolate Decoration	50g

Garnish

Water Melon	200g
Sweet Melon	200g
Icing Sugar	30g
Fresh Mint Leaves	6pc
Cherry	12ea

Check Point

• Coffee는 원래 Espersso Coffee를 사용해야 하는데 Instant Coffee를 사용할 경우에는 진하게 만들어 사용한다.
• Mascarpone Cheese 대신 Cream Cheese를 사용해도 된다.

에스프레소 커피를 곁들인 바닐라 아이스크림

Affogato al Caffè con Scaglitte di Limone

Vanilla Ice Cream in Espresso Coffee, Garnish with Lemon Peel
에스프레소 커피를 곁들인 바닐라 아이스크림

Method

1 레몬은 껍질을 벗겨서 흰 부분을 제거하고 얇고 가늘게 썰어 제스트(Zest)를 만들어 끓는 물에 설탕을 넣고 데친다.
2 접시에 에스프레소 커피를 붓고 바닐라 아이스크림을 아이스 크림 스쿠퍼(Ice Cream Scooper)로 한 개를 퍼서 놓는다.
3 아이스크림 위에 레몬 제스트를 얹고, 피스타치오 비스코티를 접시 가장자리에 놓고, 민트 잎으로 장식하여 완성한다.

Quantity Produced (6portions)

Vanilla Ice Cream	600g
Espresso Coffee	600ml
Lemon Peel	30g
Sugar	30g
Fresh Mint Leaves	6pc
Pistacchio Biscotti	120g

Check Point

• 아이스크림류의 디저트는 신속하게 서비스되어야 한다.
• 비스코티(Biscotti)란 밀가루에 설탕과 버터, 우유 등을 넣어 구운 과자를 말하는데, 이탈리아어로 '두 번 굽는다'라는 뜻으로, 영국에서는 비스킷(Biscuit), 미국에서는 쿠키(Cookie)라고 한다.

리쾨르 수플레

Budini

Liquor Souffle
리쾨르 수플레

Method

1 수플레 몰드에 버터를 바르고 설탕을 묻힌 뒤 뒤집어서 설탕을 털어주고 찬 곳에 보관해 놓는다.
2 우유와 버터를 중불로 90℃까지 가열한다.
3 달걀 노른자와 설탕 1/2을 따뜻한 온도에서 휘핑하여 밀가루를 섞어준다.
4 위의 반죽에 뜨거운 우유와 버터를 천천히 부으면서 저은 후, 리쾨르를 넣고 혼합한 다음 중탕에 올려서 크림상태가 되도록 섞어서 식힌다.
5 달걀 흰자를 휘퍼로 거품을 내면서 머랭을 올린다. 60% 휘핑되었을 때 남은 설탕의 1/2을 넣어주고 90% 상태로 휘핑되었을 때 나머지 설탕을 넣고 마무리한다. 머랭을 만들 때 온도가 차가워야 거품이 잘 생긴다.
6 수플레 크림에 흰자 머랭을 2~3회로 나누어 섞은 후, 패스트리 백에 원형 노즐을 끼워서 수플레 크림반죽을 담고 수플레 몰드에 90% 정도가 되도록 짠다.
7 중탕팬에 수플레 몰드를 일정한 간격으로 놓고, 몰드 높이의 1/2 정도로 물을 채워 180℃의 오븐에서 25분 정도 굽는다.
8 수플레 표면이 갈색으로 변하고 몰드 위로 수플레 반죽이 1cm 정도 올라오면 오븐에서 꺼낸다.

Quantity Produced (6portions)

Milk	250ml
Butter	40g
Egg	5ea
Sugar	75g
Flour	40g
Liquor	10ml
Sugar Powder	5g

Garnish

Chervil Leaves	6pc

Check Point

• 수플레는 보기 좋은 접시에 담아 즉시 제공한다. 부풀어 오른 수플레는 온도가 낮아지면 가라앉기 때문이다.

신선한 여러 가지 과일

Frutta Fresca

Fresh Fruits
신선한 여러 가지 과일

Method

1 머스크 멜론은 반으로 잘라서 속을 파내고, 웨지 모양으로 8등 분한 후 머스크 멜론 한쪽을 다시 반으로 모양 있게 잘라서 놓는다.
2 수박과 파인애플도 모양 있게 잘라서 놓는다.
3 딸기와 포도, 체리는 흐르는 물에 깨끗이 씻어서 물기를 제거 해 놓는다.
4 접시에 위의 과일을 보기 좋게 놓고, 민트 잎을 올려서 완성한다.
5 신선한 과일은 한눈에 입맛이 당길 정도로 색깔별로 준비해 서 즉석에서 보기 좋게 담아야 한다. 그 밖에 키위, 참외, 망고 등 여러 가지 과일을 이용한다.

Quantity Produced (6portions)

Pineapple	30g
Water Melon	70g
Sweet Melon	70g
Strawberry	1ea
Cherry	2ea
Apple	20g
Grape	15g
Mint Leaves	6pc

아이스크림을 곁들인 칼루아 향의 자발리오네

Zabaglione al Kahula

Ice Cream with Kahula Zabaglione
아이스크림을 곁들인 칼루아 향의 자발리오네

Method

1 스테인리스 볼에 달걀 노른자와 화이트 와인, 칼루아를 넣고 중탕하여 85℃에서 휘퍼로 거품을 내면서 휘저으며 달걀 노른자를 익힌다.

2 사바용이 완성되면 유리 글라스에 아이스크림을 스쿠퍼로 떠서 담고, 그 위에 소스를 얹어서 제공한다.

Quantity Produced (1portion)

Egg Yolk	2ea
Sugar	30g
White Wine	60ml
Fresh Cream	50ml
Kahula	10ml
Ice Cream	60g

Garnish

Mint Leaf	1pc

감자 포카치아

Patate Focaccia

Potato Focaccia
감자 포카치아

Method

1 반죽하기
 ① 믹싱볼에 분량의 물과 소금, 아가베 시럽, 올리브 오일을 넣고 섞는다.
 ② 밀가루에 이스트를 넣고 섞어서 ①에 넣고 반죽한다.
 ③ 으깬 감자를 넣고 섞는다.

2 1차 발효하기
 ① 온도 : 30~32℃, 습도 : 70~80%, 시간 : 40분

3 성형하기
 ① 덧가루를 뿌리고, 반죽을 3~4번 접어서 가스를 빼준 후, 3등분한다.
 ② 반죽을 손으로 누르며, 1cm 정도의 두께로 넓적하게 편다.
 ③ 손가락 끝으로 윗면을 누르면서 올리브 오일을 바른다.

4 2차 발효
 ① 30~40분 정도 발효한다.

5 굽기
 ① 윗불 200℃, 아랫불 190℃의 오븐에서 15분 정도 굽는다.

Quantity Produced (1kg)

Hard Flour	200g
Dry Yeast	5g
Agave Syrup	10ml
Salt	5g
Olive Oil	10ml
Mashed Potato	50g
Water	160ml

Check Point

• 피자의 원조 격인 포카치아는 짭짤한 맛이 특징으로 이탈리아의 대표적인 소박한 빵으로 유명하다.

치아바타

Ciabatta

Slipper Bread
치아바타

Method

1 반죽하기
  1) 1단계 반죽
    • 믹싱볼에 분량의 약간 미지근한 물(35~40℃)에 이스트를 넣어 섞은 후 제빵용 믹서기에 박력분을 넣고 혼합하여 반죽한다.
  2) 1차 발효
    • 랩이나 비닐을 덮은 후 12시간 정도 실온에서 1차 발효한다.
  3) 2단계 반죽
    ① 1단계로 반죽하여 12시간 발효한 반죽에 도우 반죽에 들어가는 재료를 넣고, 중속으로 6분 정도 반죽을 한다.
    ② 도우 반죽은 믹싱볼에 분량의 미지근한 물에 이스트를 잘 섞어서 나머지 모든 재료를 넣고 반죽을 한다. 이때 소금과 설탕을 넣고 3분, 올리브 오일을 넣고 1분 정도 반죽을 하면 좋다.

2 1차 발효하기
  ① 2단계 반죽을 믹싱볼에 담아서 랩이나 비닐을 덮은 후 실온에서 1시간 정도 발효시킨다.

3 정형하기
  ① 덧가루를 뿌리고, 반죽을 길고 넓적하게 펴서 원하는 크기로 자른다.

4 2차 발효하기
  ① 실온에서 45분 정도 발효를 한다.

5 굽기
  ① 윗불 240℃, 아랫불 240℃의 오븐에서 연한 갈색으로 20분 정도 굽는다.

Quantity Produced (4kg)

Sponge

Cake Flour	500g
Water	300ml
Yeast	5g

Dough

Cake Flour	300g
Water	500ml
T65	200g
Fresh Yeast	15g
Sugar	20g
Salt	20g
Olive Oil	30ml

Check Point

• Cake Flour는 박력분 밀가루를 말한다.
• T65 : 회분함량이 0.65%를 의미하는 유럽산 밀가루를 말한다. 국내 생산 밀가루들은 단백질 함량을 기준으로 강력분, 중력분, 박력분으로 구분하는데 유럽산 밀가루들은 성분표기가 달라서 회분함량을 기준으로 하고 있다. 회분함량이란 밀가루 안에 들어 있는 미네랄 함량을 나타내는데, 미네랄 함량은 밀알의 속껍질에 가까울수록, 통밀에 가까울수록 높다. 반대로 회분함량이 낮다면 그 밀가루는 배젖 중심에서 제분한 것을 의미한다. 현재 국내에서는 T65 밀가루 중에서 프랑스산 밀가루를 가장 많이 사용한다.
• 치아바타(Ciabatta)는 이탈리아어로 '슬리퍼'라는 뜻으로 빵의 모양이 슬리퍼처럼 생겼다고 해서 붙여진 이름이며, 이스트로 반죽하여 만드는 이탈리아 빵을 말한다. 그 시초는 정확하지 않으며 1982년, 1985년 즈음에 만들어진 것으로 보이는데, 평평하게 잘라서 먹는 타원형으로 빵 안에는 구멍이 뚫려 있다. 1990년대를 거치면서 이탈리아는 물론 유럽과 북미로 전해져 샌드위치 빵으로 불리기도 한다.

치즈(Cheese) 이야기

라틴어로 '우유 응고물을 틀에 넣다'라는 의미로, 이탈리아에서는 '포르마조(Formagio)' 라고 불린다. 보통 젖소의 젖이 원료이지만 양젖, 염소젖, 물소젖 등을 원료로 하여 만들기도 한다.

치즈는 인류의 역사와 함께한 오래된 음식이다. 인류가 농업을 시작하고 가축을 사육하기 시작하면서 가축으로부터 우유를 얻게 되었다. 이미 기원전 6000년에 그리스의 섬들과 소아시아에서는 소, 양, 염소를 사육했으며, 영양가 높은 우유를 얻었다고 한다.

모차렐라 치즈(Mozzarella Cheese)

나폴리가 있는 캄파냐(Campagna)주가 원산지로 두 가지 타입이 있는데, 우리가 알고 있는 모차렐라 디 무카 (Mozzarella di Mucca)는 젖소의 젖을 원료로 하여 만든 것이다. 맛과 향이 순해 우리 입맛에도 잘 맞는다. 샐러드에 넣어 먹거나 채소나 햄과 함께 빵 사이에 끼워 먹기도 한다.

모차렐라 디 부팔라(Mozzarella di Bufala)는 물소의 젖으로 만든 것이다. 보통 모차렐라보다 크고 신맛이 나며 실처럼 찢어진다. 모차렐라 치즈는 신선함을 유지하기 위해 우유와 함께 포장되어 있다.

파르미자노 레자노 치즈(Parmigiano Reggiano Cheese)

파르마와 레조 에밀리아주에서 생산되는 이탈리아의 대표적인 치즈로, 방부제를 전혀 사용하지 않는다. 18~36개월간 숙성시킨다. 하드타입으로 갈아서 요리에 사용하거나 얇게 잘라 점심식사 후 과일과 함께 곁들여 먹기도 한다.

고르곤졸라 치즈(Gorgonzola Cheese)

　밀라노 근처에 위치한 고르곤졸라라는 마을의 이름에서 유래되었다. 푸른 초록색의 곰팡이가 든 치즈로 두 가지 타입이 있다. 크림 타입은 달콤한 맛이 돌고, 하드 타입은 매운맛이 돈다. 향이 너무 강해 우리 입맛에는 익숙지 않다.

마스카르포네 치즈(Mascarpone Cheese)

　이탈리아 북부 롬바르디아주가 원산지로 농축 크림치즈이다. 하얀 크림색을 띠며 티라미수(Tiramisu) 같은 케이크, 과자를 만들 때 주로 사용한다. 유지방 약 47%로 프레시 치즈 중 유지방 함량이 가장 높다.

리코타 치즈(Ricotta Cheese)

　리코타는 '두 번 끓였다'라는 의미로, 치즈를 만들고 남은 우유를 70~80℃로 재가열해서 만들기 때문에 치즈라기보다는 유제품에 가깝다. 유지방이 적고 담백해서 파스타의 소스를 만들 때나 속을 채워 넣는 파스타 요리, 과자나 디저트를 만들 때 주로 사용한다.

페코리노 로마노 치즈(Pecorino Romano Cheese)

　라치오주와 사르데냐섬에서 주로 생산되며 양의 젖이 원료이다. 하드 타입으로 흰색과 담황색의 두 종류가 있다. 짭짤하고 매콤한 맛이 특징이며, 갈아서 요리에 넣거나 잘게 잘라서 샐러드에 넣어 먹는다.

이탈리아 조리용어(Culinary Lexicon)

A

Abalone ; Aliotide ; 전복
Almond ; Amaretti ; 아몬드
Anchovy ; Acciuga ; 앤초비
Appetizer ; Antipasto ; 전채요리
Apple ; Mela ; 사과
Apricot ; Albicocca ; 살구
Artichoke ; Carciofo ; 아티초크
Arugula ; Rucola ; 루콜라
Asparagus ; Asparago ; 아스파라거스
Avocado ; Avocado ; 아보카도

B

Bacon ; Panchetta ; 베이컨
Balsamic ; Balsamico ; 발사믹
Banana ; Banana ; 바나나
Basil ; Basilico ; 바질
Bay Leaves ; Alloro ; 월계수 잎
Beans ; Fagiolo ; 빈스
Beef ; Manzo ; 쇠고기
Beer ; Birra ; 맥주
Beetroot ; Barbabietola ; 비트
Belly ; Grasso ; 삼겹살

Black Pepper ; Pepe Nero ; 검은 후추
Blood ; Sangue ; 피
Bone ; Osso ; 뼈
Bone Marrow ; Midollo ; 사골
Bouquet Garni ; Mazzetto Aromattico ; 부케가르니
Bread ; Pane ; 빵
Bread Crumbs ; Pangrattato ; 빵가루
Broccoli ; Broccolo ; 브로콜리
Brussel Sprout ; Cavoli di Brussel ; 방울양배추
Butter ; Burro ; 버터

C

Cabbage Red ; Cavoro Rosso ; 빨간 양배추
Cabbage White ; Cavolo ; 양배추
Caper ; Capperi ; 케이퍼
Carrot ; Carota ; 당근
Cauliflower ; Cavolofiore ; 콜리플라워
Celery ; Sedano ; 셀러리
Cheese ; Formaggio ; 치즈
Cherries ; Amarena ; 체리
Cherry Tomato ; Pomodorini ; 방울토마토
Chervil ; Churville ; 처빌
Chestnut ; Castagne ; 밤
Chicken Breast ; Pollo ; 닭 가슴살

Chicken Spring ; Galletto ; 병아리
Chilli ; Peperoncino ; 고추
Chives ; Cipollina ; 차이브
Chocolate ; Cioccolato ; 초콜릿
Cinnamon ; Cannella ; 계피
Clam ; Vongle ; 조개
Cloves ; Chiodi di Garofano ; 정향
Cod ; Baccala ; 대구
Coriander ; Coriandolo ; 고수
Corn ; Grano ; 옥수수
Crab ; Granchio ; 게
Cracker ; Biscotti ; 비스킷
Cream ; Crema ; 크림
Cresson ; Crescione ; 크레송
Cucumber ; Cetriolo ; 오이
Cumin ; Cumino ; 커민
Cutlet ; Costoletta ; 커틀릿

D

Dry Cod ; Baccala ; 말린 대구
Duck ; Antara ; 오리

E

East ; Lievito ; 이스트
Eel ; Anguilla ; 뱀장어
Egg ; Uovo ; 달걀
Egg Yolk ; Tuorlo ; 달걀 노른자
Eggplant ; Melanzana ; 가지

F

Fennel ; Finocchio ; 펜넬
Fig ; Fico ; 무화과
Fillet ; Filetto ; 뼈와 힘줄을 제거한 살코기 부위
Fish ; Pesce ; 생선
Fish Paste ; Pasta di Pesce ; 어포
Fish Stock ; Fumetto di Pesce ; 생선육수

Flour ; Farina ; 밀가루
Fresh Cream ; Panna ; 생크림
Fresh Milk ; Latte ; 생우유

G

Garlic ; Aglio ; 마늘
Ginger ; Zenzero ; 생강
Grape ; Uva ; 포도
Green ; Verdura ; 그린
Green Been ; Fagiolini ; 완두콩
Green Peas ; Pisello ; 강낭콩
Green Pepper ; Peperocino Verdi ; 후추

H

Halibut ; Ippoglosso ; 광어
Ham ; Prosciutto ; 이탈리아 정통 햄
Hazelnut ; Nocciola ; 헤이즐넛
Head ; Testa ; 머리
Heart ; Cuore ; 심장
Herbs ; Erbe ; 허브
Herring ; Arringa ; 청어
Honey ; Miele ; 꿀
Horseradish ; Rafano ; 호스래디시

I

Ice Cream ; Gellato ; 아이스크림

J

Juniper Berry ; Ginepro ; 주니퍼 베리

K

King Crab ; Granchio ; 게

L

Lamb ; Agnello ; 양고기

Leek ; Porro ; 파

Lemon ; Limone ; 레몬

Lettuce Head ; Lattuga ; 양상추

Liqueur ; Liquore ; 과실주

Liver ; Fegato ; 간

Lobster ; Aragosta ; 바닷가재

Loin ; Lonza ; 등심

M

Marjoram ; Maggiorana ; 마조람

Milk ; Latte ; 우유

Mint ; Menta ; 민트

Monkfish ; Pescatrice ; 아구

Mushroom ; Funghi ; 버섯

Musk Melon ; Molone ; 멜론

Mussel ; Cozze ; 홍합

Mustard ; Senape ; 겨자

Mustard Seed ; Semi di Senape ; 겨자씨

N

Nutmeg ; Noce Moscata ; 육두구

O

Oat ; avena ; 귀리

Octopus ; Polipo ; 문어

Oil ; Olio ; 오일

Olive ; Oliva ; 올리브

Onion ; Cipolla ; 양파

Orange ; Arancia ; 오렌지

Oregano ; Origano ; 오레가노

Oven ; Forno ; 오븐

Ox Tail ; Coda ; 쇠꼬리

Ox Tongue ; Lingua ; 소 혀

Oyster ; Ostrica ; 굴

P

Paprika ; Paprica ; 파프리카

Parsley ; Prezzemolo ; 파슬리

Peach ; Pesca ; 복숭아

Pepper ; Pepe ; 후추

Peppercorn ; Pepe ; 통후추

Persimmon ; Cachi ; 곶감

Pheasant ; Fagiolino ; 꿩

Pimiento Green ; Peperoni Verdi ; 파란 피망

Pimiento Red ; Peperoni Rossi ; 빨간 피망

Pineapple ; Ananas ; 파인애플

Pork ; Maiale ; 돼지고기

Potato ; Patate ; 감자

Prawn ; Gamberone ; 왕새우

Pumpkin ; Zucca ; 호박

Q

Quail ; Quaglia ; 메추리

R

Rabbit ; Coniglio ; 토끼고기

Raisin ; Uvetta ; 건포도

Red Wine ; Vino Rosso ; 레드 와인

Rice ; Riso ; 쌀

Risotto ; Risotto ; 리소토, 이탈리아 쌀요리

Rosemary ; Rosmarino ; 로즈메리

S

Saffron ; Zafferano : 사프란

Sage ; Salvia ; 세이지

Salad ; Insalata ; 샐러드

Salmon ; Salmone ; 연어

Salt ; Sale ; 소금

Sandwich ; Panino ; 샌드위치

Sauce ; Salsa ; 소스

Sausage ; Salami ; 소시지
Scallops ; Capesante ; 관자
Sea ; Mare ; 바다
Sea Bass ; Branzino ; 농어
Sea Bream ; Branzino ; 도미
Sea Urchin ; Riccio di Mare ; 성게
Seafood ; Mare ; 해산물
Shallots ; Scalogno ; 샬롯
Shrimp ; Gamberetto ; 새우
Sirloin ; Bistecca ; 등심
Small Intestini ; Intestini ; 염통
Smoked ; Affettato ; 훈제
Sour ; Agro ; 새콤한
Spare Rib ; Costine ; 갈비
Spinach ; Spinacio ; 시금치
Squash ; Zucca ; 애호박
Squid ; Calamari ; 오징어
Steak ; Bistecca ; 스테이크
Stock ; Brodo ; 육수
Stomach ; Stomaco ; 위
Strawberry ; Fragola ; 딸기
Sugar ; Zucchero ; 설탕
Sweet & Sour ; Agrodolce ; 달콤 & 새콤
Sweet Potato ; Patate Dolci ; 고구마
Sweet Pumpkin ; Zucca ; 단호박

T

Tarragon ; Dragoncello ; 타라곤
Tenderloin ; Fileto ; 안심
Thyme ; Timo ; 타임
Tomato ; Pomodoro ; 토마토

Tripes ; Trippe ; 내장
Trout ; Trota ; 송어
Truffle ; Tartufo ; 송로버섯
Tuna ; Tonno ; 참치
Turkey ; Tacchino ; 칠면조
Turtle ; Tartatuga ; 거북이

V

Vanilla ; Vaniglia ; 바닐라
Veal ; Vitello ; 송아지고기
Veal Shank ; Osso Buco ; 송아지 정강이
Vegetable ; Brodo ; 채소
Venison ; Cervo ; 사슴고기
Vinegar ; Aceto ; 식초

W

Walnut ; Noce ; 호두
Water ; Acqua ; 물
Watermelon ; Cocomero ; 수박
White Wine ; Vino Bianco ; 화이트 와인
Wine ; Vino ; 포도주

Y

Yogurt ; Yogurt ; 요구르트

Z

Zucchini ; Zucchina ; 서양호박

기본 조리법 용어(Methods of Preparation)

Boiled ; Bollito ; 삶다

Fried ; Fritto ; 튀기다

Grilled ; ai Ferri ; 그릴에 굽다

Home Made ; Casalinga ; 가정식

Hot ; Caldo ; 뜨거운

Marinade ; Marinata ; 마리네이드 or 절인

Mixed ; Misto ; 섞은, 혼합의

Oven Baked ; al Forno ; 오븐에 굽다

Roast ; Arrosto ; 굽다

Stuffed ; Ripieno ; 속을 채운

기타(Other)

di ; of ∼의, ∼에 속하는

del ; ∼의

con ; for ; ∼와 함께

da : ∼로부터

e ; and ; 그리고

참고문헌

최미숙(2005), 정통 파스타 요리, 도서출판 예신

나영선(2006), 이태리요리, 형설출판사

저자 소개

민 계 홍

- 경기대학교 외식산업경영 전공 석사(2002)
- 경기대학교 외식산업경영 전공 박사(2006)
- 호주 퀸즐랜드대학교 관광학과 교환교수(2010)
- 현) 전주대학교 외식산업학과 교수
  국제한식문화재단 국제한식조리학교 교장
  한국식공간학회 편집위원장

이탈리아 요리

2020년 2월 25일 초판 1쇄 발행
2021년 10월 10일 초판 2쇄 발행

지은이 민계홍
펴낸이 진욱상
펴낸곳 (주)백산출판사
교 정 성인숙
본문디자인 장진희
표지디자인 오정은

저자와의
합의하에
인지첩부
생략

등 록 2017년 5월 29일 제406-2017-000058호
주 소 경기도 파주시 회동길 370(백산빌딩 3층)
전 화 02-914-1621(代)
팩 스 031-955-9911
이메일 edit@ibaeksan.kr
홈페이지 www.ibaeksan.kr

ISBN 979-11-90323-80-2 13590
값 30,000원